日本環球影城吸金魔法

USJを劇的に変えた、たった1つの考え方

成功を引き寄せるマーケティング入門

打敗——
不景氣的
逆天行銷術

Tsuyoshi Morioka
森岡 毅——著

序

環球影城超越東京迪士尼樂園的那一天

接連不斷的笑容、笑容、笑容……連日未曾間斷的笑容如同海嘯般一波未平一波又起，至多時甚至高達十萬人。那般光景彷彿全市人口一齊湧進樂園般。出現在環球城車站（註1）月台的笑容海嘯，越過剪票口後逐漸相連，於樂園門口形成巨大漩渦，在金黃色潮聲助瀾下以破竹之勢湧向霍格華茲城。家庭、情侶、年輕人的笑容、笑容、笑容。從事這份工作時，沒有比這個瞬間更好的回報了。

賭上環球影城命運的「哈利波特魔法世界」可說是大獲全勝！

二〇一四年哈利波特魔法世界開幕後，環球影城持續爆發性成長。現今環球影城的盛況絕非僅來自於哈利波特園區的成功。與來客數最差的二〇〇九年相較下，每年來客數至少增加六百萬人，但超過半數的遊客並不是因哈利波特園區而來。打從哈利波特園區開幕的三年前開始，環球影城就持續在有限經費下推出無數嶄新企畫，每年門票調漲卻能以一百萬人為單位不斷增加來客數，展現奇蹟般的谷底重生。

哈利波特園區開幕的二〇一四年來客數達一仟二百七〇萬人，終於得以刷新環球影城開幕首年的一千一百萬人紀錄。同時哈利波特園區開幕翌年的二〇一五年，絲毫未見衰退的來客數也讓許多人跌破眼鏡。在不斷推出各式活動的策略下，預估二〇一五年全年來客數仍可增加一百萬人、達一仟三百九〇萬人，持續大幅刷新紀錄。二〇一五年十月單月來客數達一百七十五萬人，為歷年來最高，超越了商圈人口為環球影城三倍之多的東京迪士尼樂園，就單月來客數而言無疑是日本第一的主題樂園。

環球影城雖然於二〇〇一年風光開幕，但旋即面臨經營危機。在經營慘澹期間，誰能想像到有重拾往日榮景的這天呢？**環球影城如何絕地逢生、再次迎向成功呢？**為何得以接二連三提出創新企畫，並順利實現呢？

背後的祕密只有一個。

即環球影城成為重視「行銷」的企業，而得以發生革命性轉變。

過去新企畫成功率僅百分之三十，現今則是百分之九十七！說是「百發百中」也不為過。

「行銷」是足以改變人們購買行動的恐怖能力。而我正是專精發展這項能力的專家「行銷者」之一。我在環球影城擔任行銷長。設立行銷長職位的日本企業仍屬少數，可能許多人沒聽過。行銷長就是「市場行銷的最高責任者」。

註1：環球影城位於西日本旅客鐵道ＪＲ夢咲線（櫻島線）上的環球城站。

「市場行銷？當然知道啊。是負責市場調查、提出促銷計畫的工作對吧？」

不少人對行銷的認識僅止於此。

然而這般觀念並不正確。多數——甚至可說幾乎全數的日本企業，都不了解行銷的真正意義。若能對行銷抱持正確觀念，成功絕對是唾手可得。我想，只要看看環球影城戲劇性由谷底重生的例子，就能一目瞭然。

我想要將「行銷的思考方式不僅適用於行銷者，不學習真是太可惜了」的觀念盡可能傳達給眾人。**行銷的基本思考邏輯「行銷思考」可使任何工作的成功率大幅提升。**在商業上追求成功者，都應確實學習行銷思考。

為什麼呢？**因為行銷是使商業活動成功的方法。**行銷的思考方式即是提升公司業績的指標。將行銷作為基礎的戰略思考方式無關乎工作內容，是得以大幅提升預期成果的必勝法。

本書主題為「行銷思考」與「職涯的成功」。可說是在商場追求成功者必讀的一本書。在本書中也將毫不藏私介紹我由個人親身經驗歸納而得的成功祕訣。「行銷思考」可適用於所有商業活動。儘管我由販售日用品的公司轉職至環球影城，但基本上的工作方式絲毫未變。只要思考方式改變，一切就能改變。

其實每個人都能理解行銷思考最重要的根本，而且無關乎學習時間早晚。當然若能越早習得行銷思考，日後需要時就能隨時派上用場。行銷思考得以提升任何工作的「工作效率」與「獲得正面結果的機率」。儘管從事工作不是以一般消費者為對象，但運用行銷的思考方式仍可大幅提升成功率。思考時將對象由消費者替換為「上司」、「戀人」等，人生道路也將隨之開拓。

拜行銷思考力量所賜，我感受到自己就是人生的主角。不僅可以對公司業績有所貢獻，還能每天準時下班回家與家人共進晚餐，並安排時間學習小提琴、去釣魚等，發展個人興趣。

在感受行銷令人畏懼之威力的同時，我將至今二十年的職涯生活全數耗費在行銷的最前線、奮勇抗戰。作為期望國家發展強大的一名日本人，我時時為「日本缺乏強而有力的行銷者」而焦躁不安。

某天我忽然察覺一個現象。契機是，正面臨大學入學考試的長女接二連三對我拋出疑問。

女兒：「爸爸，想要在商場上成功該學習什麼呢？」

我：**「要知道，不論人或公司的成功捷徑唯有『行銷』。」**

女兒：「什麼是行銷？行銷又該做些什麼？為什麼知道行銷就能成功？快告訴我嘛！」

在我踏入社會工作第二年時出生的女兒，竟然也到了思考未來出路的年紀，這讓我備感訝異。對女兒來說，選擇大學與科系可是攸關畢業後作為社會人出路的重要關鍵。

我對她說：「嗯，這麼重要的問題我要好好回答才行。我去找本簡明易懂的書，等我一下。」

我興奮地找書。關於行銷的書籍……書店架上琳瑯滿目。我翻閱多本書……不乏以行銷者為對象撰寫的「一決勝負」書、知名學者出版的學術書、實務工作者針對所屬業界與領域推出的指南書。

然而，**「卻遍尋不著為不諳市場行銷者所寫，使其理解行銷的基礎入門書籍」。**

行銷基礎書籍不足的這個現象我並不樂見。這無疑是行銷業界「市場進入點」（Point of Market Entry，POME，使消費者認識商品時就引發興趣的行銷手法）的一大缺陷。終將導致日本企業的競爭力逐漸流失。

若是有書籍能簡明易懂地介紹行銷思考方式與魅力，即可培養日本的傑出行銷者，就長遠角度而言也能增加日本社會的活力。儘管不是行銷者也無妨，只要理解行銷思考方式的人增加，產生變革的企業也會隨之增加。**讓占壓倒性多數的社會人與年輕人而非行銷者認識行銷的思考方式，我認為這才是重要關鍵。**

這正是本書的寫作契機——寫出一本**不是行銷者也能清楚易懂、針對想追求商業活動成功者的入門書籍。**想在商場上有所作為的社會人士、即將邁入求職活動的學生、開始思索職涯的社會人士、想再次確認基本原則的行銷在職人士，或許說來誇張，但我是以期望對背負日本未來的讀者有所助益而撰寫本書。

本書目的

本書就行銷實戰經驗者的觀點，盡可能簡明扼要滿足以下兩項需求。以讓我高中生的女兒也能輕鬆閱讀的方式撰寫。

● **傳達作為個人或企業商業活動成功關鍵的「行銷思考」。**

● **傳達由我個人自身經驗歸納的「職涯加分祕訣」。**

我曾在行銷公司中，最為傳統且備受肯定的P&G公司學習市場行銷。除了消費性日用品的推廣業務外，還曾擔任P&G公司內部教育機構「P&G行銷大學」的校長一職，肩負教育年輕社員行銷的責任。現今在環球影城我也身兼講師開設行銷講座，致力於培育公司內部人材。

本次將傾囊相授「我的行銷訣竅」，介紹高度廣泛應用的行銷思考方式。關於行銷的理論有數項既有方式，但我融合了在P&G、環球影城工作期間獲得的新知等，以個人獨有方式使這些既定規則更為進化。

本書將以我稱之為「行銷架構」的重要**基礎為中心**介紹我的個人方法。「行銷架構」可運用於各式各樣的商業活動，為引導成功商業戰略與戰術的強力武器。以理解這點為前提，我深信不論是商業活動或職涯的成功率都會發生截然不同的好轉。

閱讀本書後，你就會發現每日生活中，不經意使用的物品、聽到的話語、感覺的事物，其實都有行銷者的意圖隱含其中。期望各位讀者能察覺行銷就近在眼前。

我也將詳細解說使職涯成功的重要關鍵。不易了解、複雜難懂的「職涯」模糊意象，我會盡可能以獲得「契機」與「轉機」的方式書寫。該如何思考才能提升職涯的成功率？作為焦點的下一步行動該是什麼？我將簡單明瞭地介紹這些指標。

衷心期盼每位讀者的成功。

二〇一五年十二月　作者

目錄

第8章

第9章

後記

第 1 章

環球影城的成功祕訣在於行銷

首先，讓我們來大致理解行銷的角色。**行銷在公司裡發揮什麼樣的機能呢？**以下以環球影城的具體範例進行解說，希望能讓各位讀者先建立粗淺的認識。

谷底重生的著眼點與行銷的角色

我從二〇一〇年六月轉職到經營主題樂園的USJ股份有限公司起，轉眼間已屆五年半。日本環球影城於二〇〇一年盛大開幕後，一年內湧入高達一千一百萬名遊客，然而翌年大幅銳減至七百萬人，再加上高成本結構（High-cost structure）（註2）埋下的隱憂，開幕短短三年後二〇〇四年時即出現經營危機。

二〇〇四年新任社長甘佩爾（Glenn Gumpel）力行撙節策略成功度過危機，我進公司的二〇一〇年時已擺脫岌岌可危的經營狀態。然而，環球影城仍苦於來客數無法突破七百三十萬人。環球影城雖是僅次於東京迪士尼樂園、東京迪士尼海洋樂園的日本第三大主題樂園，但來客數與開幕首年的一千一百萬人完全無法相提並論。如何提升來客數與營業額無疑是刻不容緩的重要課題。

「使營業額（Top Line）大幅成長」是公司對於行銷寄予厚望的首要工作。這也是我受僱於甘佩爾社長的理由。影響主題樂園營業額的關鍵「來客數」該如何提升呢？我上任後旋即被要求提出明確應對之道。

進入環球影城工作後，我著手蒐集各式資料並以我獨有的方法進行分析，但我仍重視公司內部優秀員工的意見。為什麼呢？因為我利用行銷分析技巧擬定的所有策略，最終仍要交由全體員工執行。憑一己之力無法成就大事，這點我打從一開始就心知肚明。預先知曉內部優秀員工的想法，之後再設法將他們導向我心目中的理想方向，這可是不可或缺的重要關鍵。

行銷可謂公司的「大腦」，同時也肩負使企業從上到下總動員的「心臟」責任。

徵詢公司內管理階層的員工後，我得知員工們對環球影城長年來客數無法提升的原因有兩點假設。

首先是開幕翌年起就接二連三發生的醜聞重挫樂園形象。二〇〇二年竄改食品保存期限、因施工問題導致工業用水流向園區內部分飲水器，加上火藥用量及保存方法

註2：指構成企業經營的人事、管理、設備等成本費用高，儘管營業額高仍獲利少。

等問題陸續遭媒體揭發。這些醜聞導致的負面形象至今仍使遊客卻步。

我聽見這般說法的直覺反應是「怎麼可能會有這種事」。這個瞬間反應來自於我在行銷領域歷經千錘百鍊而成的「內隱知識」（註3）。我的內隱知識告訴我「傳聞如風不持久」。至今仍在意將近十年前的醜聞而拒絕來環球影城的人應該遍尋不著……若是人的記憶力這般優秀出色，企業又何需在電視廣告上挹注大筆可觀預算。

為了證實此一論點，我實際調閱公司相關紀錄與資料，得知來客數確實並未因醜聞而減少。而且事實完全相反——**來客數減少後才爆發醜聞。**

或許多數員工腦中都留存有二〇〇一年開幕首年締造來客數一千一百萬人的輝煌紀錄，然而該年度結尾的三月（二〇〇二年三月）來客數遠低於目標。前一月二月的來客數亦是急遽減少。

旺季的春假（註4）來客數慘澹，四月、黃金週、五月亦不見起色。來客數銳減使得餐飲部的食材庫存居高不下。庫存過剩導致過期，員工對於要處置過期食材感到浪費而引發偽造問題，直到七月初才東窗事發。對此媒體報導沸沸揚揚，之後又爆發飲水與火藥問題。換言之，儘管醜聞接踵而來，但並非來客數低落的原因，也不是造成來客數下滑的契機。更絕非八年後人氣一蹶不振的理由。作為身經百戰的行銷專家，我的內隱知識足以讓我察覺商業上「事有蹊蹺」或「不太對勁」之處。

另一項有力假設則是，樂園發展偏離開幕當年主打「電影主題樂園」的緣故。甘佩爾社長為了拯救經營危機，引進了「Hello Kitty」等卡通主角人物、推出夜間燈光遊行的「魔幻星光大遊行」等與電影毫不相關的內容。使得強調「Power of Hollywood」作為出發點的品牌形象動搖，許多資深員工為此感到不知所措。

開幕後熱愛電影而成為忠實粉絲的遊客，也因環球影城不再主打好萊塢電影而漸行漸遠。此外，失去好萊塢電影主題樂園這般明確定位後，也無法與東京迪士尼樂園有所區隔，造成遊客日漸流失。反觀東京迪士尼樂園的來客數年年增加正是最有力的證據。

註3：內隱知識包含兩個層面。第一是「技術」層面，包括非正式和難以明確的技能或手藝，如親身體驗、高度主觀和個人的洞察力、直覺、預感及靈感。另一個是「認知」層面，包括信念、領悟、理想、價值觀、情感及心智模式。

註4：日本學生在四月新學期開始前的假期，是畢業旅行旺季。

對於這項假設（當時不論公司內外都普遍採信的說法），我秉持「以數據為基礎的市場理解」而強烈懷疑。我認為「這應該不可能」。

首先，樂園內電影相關設施其實僅一成。以遊客行動的平均值來說，體驗十次遊樂設施時，大約只有一次會接觸到與電影內容相關的活動。與電影無關的其他活動占壓倒性九成，怎麼可能光靠電影迷就擁有一千一百萬人的來客數呢？

接著是距離，環球影城與東京迪士尼樂園相隔五百公里之遠，應該沒有人會煩惱週末要去環球影城還是東京迪士尼樂園吧！不論從哪個角度思考，環球影城與東京迪士尼樂園都不可能是相同商圈的競爭對手。畢竟關東與關西間還有條「交通費三萬日圓的河」難以輕易跨越。分屬不同商圈不可能彼此競爭激烈，為了與東京迪士尼作出區隔而堅持「唯有電影」豈不是愚蠢至極。東京迪士尼樂園來客數年年增加勢必有其他原因。

像這樣，行銷者要發掘「興盛．衰退的本質」，勢必需耗費難以計數的時間與精力。左右商業活動的本質為「應深究的焦點」，稱之為「企業驅動力」（Business Driver）（註5）。我進入環球影城後，深信「二〇〇二年起一連串的醜聞」及「主打電影主題樂園與迪士尼區隔」，都非環球影城的企業驅動力。

這是由於不論投注多少時間精力解決這兩項問題，營收也不會有所好轉。專注於非企業驅動力的問題上頭，自然難以有所收穫。

發掘公司未來行進方向的智庫，可稱之為企業軍師的「行銷者」，打從一開始的最重要任務就是**決定「如何戰鬥」前先正確決定「在哪裡戰鬥」**。接下來就是不惜任何手段與方法，也要使公司走向正確方向。

當行銷的實戰經驗豐富時，自然就能看穿眼前的商業結構。商業活動發展順利與否的本質與原因也能清楚透徹。

使商業活動突然好轉的**著眼點**，與其說是了解，其實更近似感覺。肉眼無法看見，但那個「應深究的焦點」會在意識中宛如發光般清晰可見。

以下簡述當時我認為要提升營業額而作為著眼點的三項企業驅動力。這些著眼點也與環球影城能從谷底重生息息相關。

註5：促進商業目的過程的任意條件。

（1）目標客層範圍：環球影城的目標客層過於狹隘為最大問題所在。「專屬電影迷的主題樂園」這般經營者的無意義堅持，使得原本市場規模僅有關東市場三分之一的關西市場更加縮減，無疑是自掘墳墓。

← 使環球影城的品牌由「電影專門店」蛻變為「集合全世界最佳娛樂設施的選品店（Select Shop）」。不僅限於電影，將動漫、遊戲等也納入其中。

← 為了強化「帶著幼兒的家庭遊客」這項最大弱點，打造家庭專區「環球奇境」（Universal Wonderland）。擴大客層比例，並增加永久性客層，提升遊客生涯進場次數（孩童時期一次、成為父母後一次、有孫子後一次）。

← 擴大區域客層。擺脫來客數七成來自關西的依賴，設法建立使遠方民眾也想來環球影城的關鍵吸引力。為了使日本人從關東橫越「交通費三萬日圓的河」、使訪日外國人遠渡三十萬日圓的重洋，在哈利波特園區投入巨額預算。

（2）電視廣告的品質：作為宣傳關鍵的電視廣告仍有改善空間。當時環球影城的電視廣告品質雖然不輸東京迪士尼樂園，但仍稱不上是一流廣告。未能強烈展現消費者前來環球影城的本質理由，改善後仍有許多增加來客數的機會。同時長期固定播放的電視廣告等媒體曝光，與其宣傳樂園活動，更應以品牌宣傳（Brand Campaign）加強品牌形象。

←以入場目的調查為基礎，開發更勝過往的電視廣告。

←確立「將世界最棒的傳遞給你」（註6）作為新的品牌宣傳口號並持續使用。

在後續內容會詳細說明，為了提升銷售的各式各樣活動，行銷上均以「促銷」（Promotion）稱之。代表性例子如電視廣告、雜誌廣告等媒體廣告。此外，提供顧客試用品免費體驗、請第三者在個人媒體上介紹、網路廣告、以社群擴散效果為目的

註6：日文原文為「世界最高を、お届けしたい。」

等，亦為促銷方式。

（3）調漲門票價格：大人門票五千八百日圓（當時）其實過低。綜合消費者所得、物價、娛樂活動支出中主題樂園的比例，與歐美等先進國家相較，即可明顯得知**日本主題樂園的門票僅為世界標準的一半。**儘管日本主題樂園品質堪稱世界之最，加上土地、建設與人事費用等營運成本高居全球首位，但門票反而最便宜，這豈不是件奇怪的事嗎？就其他國家主題樂園門票價格雖是環球影城數倍仍不乏遊客的事實，在「門票價格」上確實有提升客單價（註7）的空間。

順道一提，為何日本主題樂園的門票費用如此低廉呢？這是由於業界龍頭東京迪士尼樂園的門票費用長年便宜的緣故，因而拉低整體業界價格。二〇〇一年環球影城開幕時，東京迪士尼樂園門票為五千五百日圓，因此當時門票價格也不得不配合這個行情。在關西五千五百日圓的低價也已經是同業價格的高標了。

如此一來，迫使其他中小規模的遊樂園必須設定更低廉的票價。在關東市場占地為王的東京迪士尼樂園雖然經營不成問題，但其他許多樂園缺乏持續投資、周轉的資金。許多樂園因東京迪士尼樂園與環球影城而關門大吉。消費者的選擇因此減少，其實並不利於樂園產業的活力。打造大型主題樂園應是全體日本樂園產業的責任。我認為環球影城應作為前鋒，使業界發展可接近世界標準。例如，環球影城在近五年間大幅調漲門票價格兩成，同樣位於大阪的「枚方遊樂園」等也跟進調升門票價格。

→　堅決調升門票價格（近五年內由五千八百日圓調漲至七千四百日圓）。

→　堅決調升年票價格（近五年內由一萬五百日圓調漲至一萬九千八百日圓）。

行銷重要工作之一的價格策略為定價（Pricing）。對行銷者來說，價格不僅左右營收，同時也是顧客對於品牌的評價，因此定價實為重要課題。價格並非越高越好。營收由數量（來客數）乘以單價（門票價格）決定，但價格過高時數量就會減少，並不一定能使營收最大化。

註7：Per Customer Transaction，每位顧客平均購買商品金額。

價格調漲百分之一會使營收減少多少百分比，對此反應度的分析，行銷上稱為「價格彈性」。略微提升單價，營收就顯著下滑時為「價格彈性大」，反之則是「價格彈性小」。價格彈性小時利於行銷者提升單價。順道一提，主題樂園是不購買也不會有任何人馬上死掉的產業，因此價格彈性較大可說是業界常態。

定價時，需有**最終價格由市場與消費者決定**的認知，因此「漲價」可說是伴隨巨大風險。

任何人都能輕易降低單價而提升數量，然而一流行銷者的工作則是提升單價的同時也提升數量。**單價與數量一併提升時，公司自然因而獲利。**假設單價提升兩成、數量也成功提升兩成時，1.2 × 1.2 = 1.44，營收可因此增加百分之四十四。然而，要實現這般夢想的方法只有一個。

即先使品牌價值顯著提升，盡可能縮小價格彈性。以環球影城來說，要提升品牌價值以增加客源實屬不易。漲價的時機與幅度等需經由數學公式分析判斷，也非三言兩語就能完成。但就結論而言，環球影城在近五年裡，單價提升一・二倍、來客數提升一・九倍，可謂相當成功。兩者相乘後可得知，環球影城門票收入的增加幅度遠超過兩倍。

環球影城著眼於目標客層、電視廣告、門票價格這三項企業驅動力，加以持續徹底投資與改善。在缺乏資金的困境下，仍以創新企畫與努力使來客數每年以一百萬人為單位持續增加，二〇一二年增設家庭專區「環球奇境」克服了家庭客層的弱點，二〇一四年開幕的哈利波特魔法世界更是將客層由日本延伸至亞洲各國。

與經營慘澹的五年前相較，現今來客數增加六百萬人次以上，營收獲利也以倍數成長。許多人將焦點放在哈利波特魔法世界的成功，然而因哈利波特慕名而來的遊客其實未及六百萬人次的一半。在哈利波特魔法世界開幕前，環球影城就已經增設了四十種以上的新遊樂設施且大受歡迎，進而促使來客數增加。近五年內環球影城的新企畫成功率高達百分之九十七以上。

行銷的威力足以使企業發生劇烈改變。當然也無法倚靠行銷一己之力就能完成。所有部門與全體員工不計得失的犧牲與奉獻才能促成環球影城脫胎換骨。

這麼說來，過去經營不善時員工們不夠努力嗎？絕非如此。每位員工都以誠摯態度、為了使遊客綻放笑容而持續努力。

那麼為何經營仍遲遲未見起色呢？這是由於公司未能正確、明確設定應努力之焦點「在哪裡戰鬥」的緣故。這也是「行銷者」最重要的使命。探究正確的企業驅動力，將公司全體的所有心血都集中於此。找出使每位同仁努力獲得回報的戰場，讓所有人並肩作戰。不被伴隨變革而來的四面八方強風擊倒，強忍孤獨也要將眾人導引至正確方向。像這般使公司成功的工作，在我看來正是「行銷的使命」。

改變的唯有一處

常有人問「森岡先生改變了環球影城的哪裡呢？」依角度而異，改變的項目可說是不勝枚舉。改變了品牌定義、改變了導入活動與設施的系統、改變了電視廣告的製作方式、改變了價格、改變了需求預測的精準度、改變了宣傳方式。與企業驅動力相關、難以計數的工作思考方式與方法，也為了因應各種目的而大幅改變。

不過，所有的改變都有著不變的基本共通點；追根究柢來說，也可說唯有一項改變。

即**「消費者觀點（Consumer Driven）」**的價值觀與結構改變了環球影城。**環球影城因消費者觀點而改變，我認為是由谷底重生的最大原動力。**

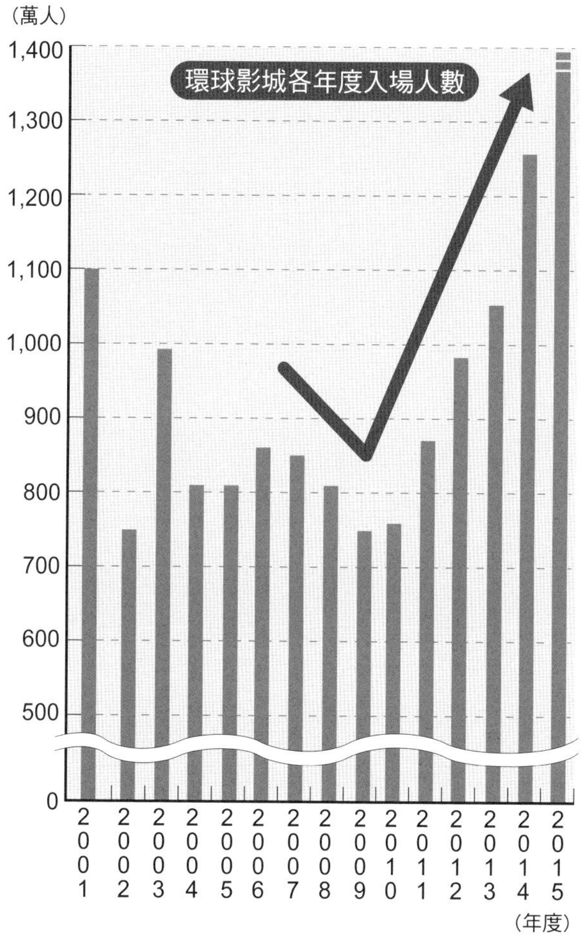
（萬人）
環球影城各年度入場人數
1,400
1,300
1,200
1,100
1,000
900
800
700
600
500
0
2001
2002
2003
2004
2005
2006
2007
2008
2009
2010
2011
2012
2013
2014
2015
（年度）

消費者觀點是什麼樣的思考方式呢？過去我曾任職的全球化企業P＆G裡，深信「Consumer is boss.（消費者是老闆）」的價值觀。P＆G所奉行的思考方式，我認為也相當接近這項消費者觀點（Consumer Driven）。換言之，即是**「朝著消費者的方向為消費者工作」**。

不過任職P＆G期間時，我對於Consumer is boss的說法並不苟同。因為依這個說法，boss即上司的任何要求都應無條件接受，非常重要且無可取代（笑）。我是個時常堅持己見而忤逆上司的不良員工，因此很自然地產生反感。「在日本Consumer is God（消費者是神），才不是什麼boss呢。」

Consumer Driven Company（消費者觀點的公司），其實並非無條件博取消費者歡心。無限制耗費成本以滿足消費者需求，就中長期而言無法產生消費者價值；為了維持公司營運，就必須在各種制約中做出綜合判斷。判斷的困難之處在於，最終仍擺脫不了「能與消費者價值產生多少連結」。

簡單來說，不論企業耗費多少努力、展現多大善意，若未能與消費者價值有所連結（未能傳達給消費者）時，一切仍是毫無意義。對此抱持必死決心而作出判斷的公司即是Consumer Driven Company（消費者觀點的公司）。

以環球影城為例。許多製作遊樂設施、企畫活動的現場，負責員工們無不是以高標準作業。每個人都以「要做出使遊客開心的有趣作品」為目標。然而，**「遊客真心樂在其中的作品」與「製作者認為遊客會喜愛的作品」並不一定相符。**

為什麼呢？因為在一般狀態下，製作者其實距離消費者感覺最為遙遠。畢竟他們是規劃主題樂園裡各式設施、進行製作的業界專家。專業製作者因在業界累積豐富經驗、不斷增進專業知識成為專家。其感覺可說是與一般消費者截然不同。

每天放眼望去淨是專業技術，久而久之也就習以為常，他們本身「感動的水準」自然與一般消費者漸行漸遠。多數消費者感到簡單又有趣的事物，在他們眼中卻可能是刺激與品質不足。而且也會在不自覺間，製作他們感覺良好的作品（＝專業者的喜好）。

樂園業界從開始迄今，經營中心就一直是創意至上。簡單來說，嘗試推出創作者覺得有趣的活動，運氣好就大受歡迎，運氣差乏人問津就會面臨經營危機。將巨額資金賭上創作者的才能，可說是宛如賭博般的商業模式。

樂園產業根源的電影業也是極為相似的結構。一名天才導演現身帶來連串賣座電影，但他風光不再時票房也就慘不忍睹。這即是創意驅動的作法。不論方式好壞，都伴隨業績起伏的風險。

除了我之外，也有人抱持堅定決心想擺脫這般創意驅動的方式——即社長甘佩爾。他時常表示「沒有用科學方法計算高機率熱門作品的方法嗎？投入巨額資金卻失敗，作為商人實在難以認同」。

在甘佩爾的支持下，我與行銷部員工秉持消費者觀點，檢核娛樂部與技術部製作的設施與企畫活動。我想在先前的共同作業中也有行銷部員工表達過意見，但從我進入環球影城起，就彷彿每天都身處槍林彈雨般。

二〇一〇年起任職環球影城、擔任行銷部長開始，我就與其他相關部門的部長、次長陷入頻繁對戰。行銷部自我上任後便不斷插手提出意見，一直以來都依喜好行事的其他同仁會感到不悅也是可想而知。但基於未能滿足消費者，眾人的努力就無法獲得回報之信念，我仍是不斷從消費者觀點提出意見，漸漸地也與其他同事建立起新方式與距離。

社長甘佩爾在二〇一二年時推動大規模組織結構調整。我被拔擢為本部長執行委員，組織結構調整後娛樂部、創意部等由我直轄管理。統籌行銷工作的我，也肩負起樂園內遊樂設施的最終責任。雖說是為了公司營運，但能鼓起勇氣付諸行動的甘佩爾真是相當了不起。為了使遊樂設施符合消費者觀點，他賦予行銷強而有力的權限。在行銷驅動的新組織結構助益下，二〇一〇年之前遊樂設施、活動等新企畫導入成功率僅百分之三十，近五年已大幅躍升至百分之九十七。

環球影城現今的必勝模式為，先由行銷分析消費者與市場需求，進而洞察該製作哪些作品。接著進入製作階段時，就要使創意者、製作人充分發揮創意與技術。**傑出的娛樂設施絕不可缺乏創作者的原創性。**他們從事的是我這般腦中一板一眼的行銷者絕對無法完成的工作。我打從心底尊敬這些創意滿點的「天才」們的能力。

在製作階段，行銷的重要工作即是確認是否符合最初構想與目的、有無偏離消費者價值。站在消費者觀點，必要時仍應向製作者提出異議。行銷者的工作就是讓這些創作天才有明確的努力焦點，使他們的才能與努力得以在商業活動中開花結果。

為什麼行銷要肩負這個任務呢？因為**行銷者是理解消費者的專家。**行銷並非特別偉大，只不過是消費者的代理人。行銷者不應依個人喜好提出批評，而要站在消費者的立場思索，發覺問題時立即反應。經由這般方式鎖定努力焦點而製成的娛樂設施，其主打賣點最初就在行銷規劃中，自然會受到熱烈歡迎。

環球影城重視消費者觀點，由販售作品的公司轉變為製作受歡迎作品的公司。這即是環球影城的最大轉變。說穿了改變的只有這一點，公司整體便為了提升消費者價值而徹底發揮機能。

將公司資金運用方式、員工們付出的一切努力，與對消費者而言具有意義的價值連繫起來，即是行銷者的工作。當這個結構運作順暢時，推出的商品與服務勢必會受到消費者支持。進而提升品牌的消費者評價，使公司業績大幅提升。

為何「消費者觀點」並不容易？

「朝消費者的方向進行工作」，仔細想想是理所當然之事。然而，為何公司要落實卻是因難重重呢？正在閱讀本書的你若是對公司組織還不甚熟悉的學生，雖然接下來的內容是關於大人世界裡部分遺憾的現實，但仍請勇敢邁入這個世界吧！

作為組織的公司要在消費者觀點上團結一致，一般而言是相當困難的。而且難度伴隨組織規模增加而遞增。這是由於**公司這個由許多人聚集而成的團體中，公司與個人利害關係並不全然一致。**這並不僅止於消費者觀點與顧客視線的議題。我認為幾乎適用於所有事物上。

對於乘坐於公司這艘大船上的一人而言，最重要的事物為何呢？有人說是從事有趣且有意義的工作、有人說是薪水與待遇、有人說是能獲得多少促使自我成長的經驗。我想不在乎個人生活安定與職涯發展的人應該遍尋不著，而真心覺得「對我來說公司成長比一切都重要」的人則是少之又少，這是不爭的事實。

倘若這類型的人在組織裡占大多數時，要徹底奉行將消費者觀點作為公司經營原則絕對是輕而易舉；然而，重視個人利益優先於公司利益，這才是符合多數人情形的現況。

實際在公司裡，許多人以個人利益為出發點、以部門利益為軸心。基於個人利益（職涯、生活安定等），與公司內其他部門相較下，更為重視所屬部門。ＸＸ部的重要權限、ＹＹ部死守的預算、ＺＺ部為取勝而增加人事等，部門間也有各自利害關係。這般個人與部門為主的利害向量充斥於公司內部。一般來說，這個傾向在大公司裡越發明顯。

針對一項事宜要獲得公司內部的一致同意，就必須考量眾多部門間的利害關係，不僅耗費時間，也會拖延決議速度。過程間會反映個人與部門間的權力平衡，最終以消費者價值而言的最佳選擇往往會由雙方角力後模棱兩可的妥協方案取而代之。員工多會將時間耗費於調整公司內部的利害關係。應用盡全力思考益於消費者價值的「對外」時間與勞力，漸漸轉變為使用於「對內」的公司內部政治。

作為社會人，你是否曾有過這般感覺？「我為什麼整天都在製作『會議用的資料』呢？」

公司因此變得越來越內向，與「提升消費者價值的最佳選擇」這條理所當然之路漸行漸遠。

與個別員工談話後，不難發現每個人都是為公司著想、誠實正直的員工，然而公司整體的走向卻偏離消費者方向。但由於每個人與各部門都持續逃避問題，回過神來才察覺已經整艘船都走上海難路線了。

作為組織的公司、個人與部門利益之間的衝突為現實情況，一般情況下不可能一致——意識到這一點才是正確的思考方式。

換言之，**即使要毫不留情捨棄部門與個人利害關係，也應貫徹對消費者而言的最佳選擇。**這般組織構造在一般情況下自然無法產生，唯有公司高層賦予權限才有可能實現。

環球影城因選擇了「以身為消費者專家的行銷，在公司內部唯消費者觀點至上作為驅動力的組織構造」而成功；也因許多員工抱持「想讓遊客因娛樂設施開心」的純粹價值觀，以及員工數僅八百人左右尚屬中型規模的公司，相較下內部利害關係衝突較少。儘管如此，「製作者」的堅持與消費者觀點不一致的矛盾仍是家常便飯，因行銷與其他部門發生衝突也時有所聞。至今仍是如此，其實完全沒有反而不正常。

人擁有盡可能避免與他人衝突的性質。結果容易為了「眾人意見」的利害關係而尋求妥協方案。簡單來說即是「折衷點」。然而，**幾乎所有「折衷點」都不是利於消費者的最佳選擇。**

有人說咖哩飯好，有人說要壽喜燒。此時在多數公司裡，會為了安撫員工而選擇「咖哩壽喜燒」。但身為行銷者，無關乎自己喜愛的餐點，而是應該深入觀察、研究消費者喜好。當曉得消費者偏好咖哩飯時，就要使公司內部全體上下都認同咖哩飯的選擇，這才是行銷者該有的行動。絕不會是選擇「咖哩壽喜燒」。

不論他人意見，就算社長說「壽喜燒比較好」，也要想盡辦法說服他選擇咖哩飯——自始至終都是消費者需求的最佳選擇咖哩飯。若無法做到如此，公司也難以在商場上獲勝。身處高壓環境仍被要求充滿動力，這是行銷者的宿命。行銷工作者在進行公司決議時，必須公正地立於許多部門與個人的正中間才行。

而且周旋在部門與員工個人利益時，還要肩負「信鴿」的角色。**以自身為起點逐一說服眾人、使其跟隨你的腳步。**你必須擁有說服所有人一同走向自己深信不疑之正確方向的氣勢。雖然過程艱辛，但卻意義非凡。這就是行銷工作。

第1章總結

行銷之於公司組織的角色

1. 公司寄予行銷的主要期待為提升「營業額」。
2. 為了增加營收，行銷可謂公司的「大腦」也是「心臟」。
3. 「企業驅動力」為左右商業結果的著眼點。
4. 決定「如何戰鬥」前先正確決定「在哪裡戰鬥」是行銷的首要任務→公司的「大腦」。
5. 成為「消費者觀點（Consumer Driven）」的公司可提升品牌價值使業績好轉。
6. 一般狀態下，公司與個人或部門利害關係並不全然一致，想要以消費者觀點作為全公司的統一機能並不容易。
7. 行銷作為理解消費者的專家，應主張超越部門與個人利益、使消費者價值最大化的最佳政策，並引領眾人朝實現的方向前進→公司的「心臟」。

第 2 章

幾乎所有日本企業都不懂行銷

許多過去對全球影響可說是舉足輕重的日本製造業品牌，現今都陷入經營困境。二十年前我在求職時，與豐田汽車一同聞名世界的「Sony」，他們的地位大約就如同現今的蘋果公司般。當時全球年輕人無不喜愛酷炫的「Sony」這個品牌，希望Sony產品能片刻不離身。當時絕對沒人想過會有Sony陷入困境、甚至連三星都難以自保的一天。

夏普公司遭遇的困難更是悲慘至極。數次大規模裁員，對無數員工及其家人造成嚴重影響。不僅夏普公司的員工，夏普公司的慘狀也在諸多相關企業間留下深刻影響。我有多位大學同學任職於夏普公司，加上夏普公司是大阪的代表企業，我也連帶期望「夏普公司能重新振作」。然而，每次聽見夏普公司的相關報導，其堪憂前景總是令我感到心痛。

許多日本代表性企業陷入困境，但這不過是冰山一角。大型企業的經營狀況都困難重重，中小企業遭遇的慘狀更是如同繁星般難以計數。以製造業為首的諸多企業困境與日本經濟發展停滯，是什麼原因造成的呢？

我認為是由於日本企業長期偏重技術導向、未確實落實行銷導致的下場。

許多日本企業陷入「技術導向」

許多日本企業執著的「技術導向」是什麼呢？簡單來說，例如「發明了液晶面板就用以製作電視吧」的發想，這類想法在過去是相當良好的，消費者也樂於接受新技術。然而，伴隨技術成熟，壓倒性的嶄新商品也就陷入難產。製造商開始專注於細節差異化，最終偏離消費者需求。

最顯而易見的例子非行動電話莫屬。直到數年前為止，日本廠商都持續生產、製造折疊型的按鍵式行動電話。然而，各位讀者是否也有這類感覺呢？「這些功能有誰在用呢？」、「這麼厚的使用說明書怎麼看啊！」

此時史提夫．賈伯斯（Steve Jobs）登場了。身為天才工程師的他也是位天才經營者，我認為他擁有「行銷者天性」的本質。據說賈伯斯時時以「讓德克薩斯州的老奶奶也會使用的簡單機器」為目標。

為了使行動電話幾乎沒有按鍵，他採取「觸控螢幕」的方式。並非「因為發明了觸控螢幕就用來製作iPhone」，而是思索消費者最易於操控的方式後採用觸控螢幕。

同時他也實行了日本企業常識裡絕不可能出現的方式——iPhone銷售時「無使用

說明書」。

結果如何呢？就如同各位讀者所知。蘋果公司在手機市場大舉攻城掠地，迫使幾乎所有的日本企業黯然退場。

那是行銷部嗎？

賈伯斯的案例或許較為特殊，但其實許多歐美企業的社長都是行銷出身。從事行銷而擔任公司社長，是由於他們從年輕時便穿梭於各部門間，因此培養個人領導能力。此外，他們重視以消費者觀點進行公司決議，這也可說是成功經營者的必備特質。

反觀日本傑出企業，是否有行銷出身的社長呢？雖然不是沒有，但絕對是屈指可數。為什麼呢？

我認為**許多日本企業的組織結構並不利於行銷職涯的發展。**更為開門見山地說，確實發揮功效的行銷部、強而有力的行銷者根本寥寥無幾。當然並非全數日本企業都是如此。過去我任職P＆G公司期間曾迎戰的「花王」、「Unicharm」，就無疑是出色的日本行銷企業。不過，我個人認為絕大多數的日本企業都缺乏確實運作且功能完善的行銷組織。

日本企業雖然設有行銷部，但多半不是從事行銷工作。許多企業只是基於「沒有行銷部會讓人觀感不佳」這般理由而設立行銷部。

多數企業的行銷部從事業務支援工作，或是調度業務與生產計畫（S&OP），以公司為單位進行重大決議時幾乎沒有行銷部插手的餘地。在這類企業裡，行銷部是公司內部立場曖昧的部門，員工由業務等總公司調度而來打點人脈、一段時間後就回去原來所屬部門的模式並不少見。

因此，打從一開始就具備行銷專業的員工屈指可數。同時行銷部在企業中的功能與定位也不明朗。許多員工的認知停留在「製作廣告的部門嗎？」但就現況來說，多數企業的廣告規劃與製作多半全權交給廣告代理商。

這類企業中的行銷部長，時常是不了解行銷體系、無實戰經驗者。對於業務與行銷差異甚至答不上來的人也不在少數。

儘管喜愛電視廣告等光鮮華麗的工作，但缺乏製作強力廣告的相關知識，卻對廣告代理商的作品以自身（或上司）喜好進行批評。雖然對廣告代理商提出高要求可換得對自家公司有利的條件，但講難聽點，被過於奉承時，也有不少人淪為廣告代理商眼中的肥羊。打著行銷招牌卻被默許不必從事行銷工作的部門，怎麼想都很奇怪吧！

從電視廣告來看日本的行銷現況

看電視令人感慨萬千

「唉，這部廣告有夠差。意義不明，真是浪費錢……」

「啊，這間公司也被廣告代理商狠敲了一筆。」

由於職業關係，看電視時最令我在意的就是電視廣告，但總讓我碎碎念與嘆息不已。弄錯目的之電視廣告實在是難以計數。企業投注大筆資金製作電視廣告的目的究竟為何呢？是為了提升企業的商業活動。除此之外沒有其他理由。「有趣的廣告」讓人在客廳歡笑不斷，我不否認這是手段之一，但絕對不是廣告目的。同時，使廣告代理商的作品在坎城國際創意節（Cannes Lions International Festival of Creativity）勇奪大獎等，也絕非廣告目的。

廣告的唯一目的，無非就是提升企業品牌價值以增加銷售。但事實上，無法增加商業活動的電視廣告實在是太多了。我感觸深刻之處在於，在客廳播放的廣告中，半數以上都是不合格的廣告。讓人忍不住捧腹大笑的爆笑廣告或許為客廳增色不少，然而多數觀眾對於「這部廣告想表達什麼？」、「商品名稱是什麼？」這些基本問題都答不上來。以提供資金製作廣告的企業主角度來說，不論內容多麼有趣仍是不合格的電視廣告。

大企業現象

以下不指名道姓，但有間日本代表性大型企業的電視廣告，在同時期內針對每個商品有四～五部廣告同時播放。每系列都是耗費六千萬日圓甚至上億、請來一線知名藝人的豪華廣告。

然而，每部廣告的內容都過於零散使人不易理解……每部廣告傳遞不同訊息雖然沒有問題，但每則訊息都複雜難懂為最大問題所在。自然難以藉由廣告提升該品牌的營業額。

此外，該公司應以統一品牌為主打，但所有廣告的調性與氛圍卻不盡相同，看起來分屬不同公司的不同品牌。砸大筆預算拍攝多部廣告，卻未能活用其壓倒性數量的特點，實在讓人感到惋惜。

為何廣告會過於散亂呢？像這般重視人際關係與公司合作的傳統大企業，為了建立八面玲瓏的關係，不會僅與單獨一間廣告代理商合作。而是同時與A公司、B公司、C公司簽約，將工作委託給多家不同公司。由於是重要客戶，因此各家廣告代理商紛紛交由自家頂尖的製作團隊，此時公司本身裡的行銷者能力為關鍵所在，能力不佳的行銷者自然無法確實引導廣告代理商的製作團隊。

結果，比起促使商品暢銷的電視廣告，卻在製作個性鮮明而有趣的廣告上頭費盡心思，想建立統一的品牌行銷反而越發困難。這便是廣告業界常見的「大企業現象」。

同時恕我直言。即便能使商品在短期內暢銷，但對中長期提升品牌形象無太大助益的廣告，不也浪費了企業投入的數百億日圓廣告預算嗎？

這間公司以壓倒性的商品製造力成功形塑品牌形象。在面臨瓶頸前，明顯就是專注「技術導向」、輕視行銷。由於過去也曾締造成功，就不是我能插嘴的問題了。

我打從心底祈禱。這間公司的技術不會被其他競爭對手後來居上……

費用與效果不成比例的巨額投資？

後續也會詳細解說，電視廣告是使消費者建立「品牌認識（消費者認知）」與「產生購買念頭（購買意志）」的強力武器。此外依方式而異，或許可以中長期在消費者心中塑造強大的品牌形象。品牌形象將是商場上激烈廝殺時，戰勝對手的最強武器。因此，企業往往在電視廣告上挹注大筆行銷預算。若是全國性廣告，一般規模的公司約花費數十億日圓，大型企業可能再多一位數，這般預算並不少見。儘管無可奈何，但企業要製作電視廣告時就是必須投入巨額成本。

然而，製作電視廣告的企業中，究竟有多少公司會確實分析自家電視廣告的效果呢？在此指的不是廣告代理商每年會提供客給的為「廣告效果評比」、內容盡是漂亮成果的數據。公司內部自行判斷廣告效果的能力，才是我所關注的焦點。

恕我直言，多數日本企業都未能針對電視廣告效果作出判定，甚至根本不具備判定效果的能力。這類企業對廣告代理商和電視台來說，隨時都是最歡迎的金主。

請試想，每年廣告預算規劃五十億日圓、一百億日圓的公司，對於這筆巨額投資的效果卻一問三不知——這豈不是太奇怪了嗎？換作是我，絕對不會購買這種公司的股票。像這般無謂浪費預算也置之不理的恐怖公司，其實在日本並不少見。

為什麼呢？答案相當明確，這些公司的行銷機能未確實運作。

如同環球影城般，有一定程度的員工負責行銷工作，在公司內部建立具行銷機能的組織與系統，方能高效率執行廣告預算。首先的差異點在於電視廣告的品質。如此才能讓廣告代理商製作促使顧客萌生購買念頭的電視廣告，我深信**電視廣告重質不重量**。推出再多品質不佳的電視廣告，受惠的也只是廣告代理商與電視台。

企業內部有專職行銷的員工時，在廣告數量方面亦可增進媒體政策（電視廣告的目標對象是誰？要購買哪個節目時段的廣告時數？）的效率，大幅提升公司業績。

順道一提，環球影城在電視廣告正式播出前，會先經由消費者調查判定廣告效果，再決定是否播出。此外，也會就播出後的實際成效與播出前的推測數據進行相關分析，時時致力於精進調查分析模式。每年花上數十億日圓的電視廣告，下這番功夫是理所當然之事。行銷需向公司負責，可說是最大的商業驅動力之一。對於廣告效果無法自行判斷實在是難以置信，是種不可原諒的怠慢。

行銷本是日本沒有的學問

由自由競爭而生的市場行銷

行銷是發源於美國的思考方式。在美國的實務家與研究者努力下，十九世紀後半至二十世紀間體系化成為一門專業學問。或許由於發源於美國這項主要理由，使得美國打造引領世界潮流的「自由競爭市場」。自由競爭市場乍聽之下正面，其實是反映自由主義經濟思考方式的激烈競爭市場。

自由主義經濟因政治限制少，任何人都能自由參與、退出市場（參加與退出的自由），可自行設定價格（價格設定的自由），而且也能隨心所欲開發喜愛商品（商品開發的自由），為上述三項自由受到保障的經濟系統。參與這類市場的挑戰者自然前仆後繼，發展為弱肉強食的戰爭、勝負者壁壘分明。在這樣的環境下，「生存」的必要急迫性促使方法不斷精進自是理所當然的發展。由此而生的思考方式即是行銷。

以行銷力稱霸世界的美國企業

最早投注心力於行銷的美國企業，以勢如破竹的爆發性成長，由美國國內躍升為世界級大企業。最簡單的例子來說，由美國中西部俄亥俄州辛辛那提販售肥皂與蠟燭的「P&G」（亦是我的前東家），發展為全球最大的日用品製造商。講到汽水無人不知無人不曉的「可口可樂」為碳酸飲料市場的龍頭、「麥當勞」為世界規模最大的速食企業。

這些企業因運用行銷技術而不間斷地進行革新。詳情雖眾說紛紜，但據說P&G首創提供消費者試用品（在家門口放置家用洗衣精試用品，強制提升消費者商品使用經驗的促銷方法）的方式，並著眼於當時迅速普及的電視機，首見將商品促銷與電視廣告結合。

可口可樂一直熱衷於強化品牌形象，並將品牌視為知識財產，對模仿商品訴諸法律途徑。此外，可口可樂很早就將品牌策略定位為販售飲料的瓶裝飲料公司，為了使消費者就近購買瓶裝飲料而募集經銷商，得以急速擴大商業範圍，瞬間攻占全美市場後躍向國際。

其他還有諸多前人由失敗中汲取經驗、匯集心血結晶的行銷技法，現代我們可以直接學習這些精髓何其幸運。

這些行銷企業得以爆發性成長的共通點在於，善用「品牌管理系統」的經營手法促使企業成長。品牌管理系統的方式是設立肩負品牌營收責任的負責人（品牌經理），由各個部門組成團隊互相牽引。換言之，宛如在企業內部設立社長一職、每個品牌自成子公司般，以「提升品牌價值」作為決策前提的公司結構。藉由品牌管理系統，可跨越部門隔閡以消費者觀點提升品牌價值。

特別一提的是，這類可累積實戰經驗、發揮行銷力量的舞台，多在美國而非日本……**在巨大自由競爭市場的美國，企業為求生存自然會設法建立可確保最適合消費者的經營模式，這即是「市場行銷」的實戰學。**

因此，行銷相關概念與用字幾乎都由英文而來。有人覺得橫向書寫的文字複雜難懂，請認命吧！能在美國發展的學問上坐享其成的我們，雖然遺憾還是得忍受英文。本書會就相關用語進行清楚解說，建議各位讀者積極記下這些行銷用語的意義。

行銷在日本不興盛的理由

規則造成的障礙

自古以來，日本就可說是與自由競爭無緣。與美國相較下，直到近期日本市場的競爭都因諸多要素而和緩，也沒有任何自由主義經濟的主張。

戰後日本雖說是自由主義經濟，但政府與相關當局制定的規範卻影響甚大。保障自由競爭的三項要素、確實保障自由的業界反而是少數，戰後發展讓我覺得說是統制經濟也不為過。

市場競爭受到巨大阻撓、行銷需求銳減也是可想而知的。政府與官員干預的巨大市場裡，與其說是競爭，維持彼此的友好關係其實更為重要。在業界裡選擇當個發起激烈競爭行動的異端分子，不如與客戶、同行攜手避免過度競爭、共同排除新加入者，以確保彼此利益才是明智之舉。

當確立培育國內產業之目的時，其方式之差無法一言以蔽之。但日本因此實現高度經濟成長，躋身為世界頂尖的經濟大國。

批評日本戰後的經濟政策並非我的本意。然而，有一點我可以肯定。就是時代已經無法與過去同日而語。現今全球只有一個市場，不論期望與否，任何人都無法免於被捲入自由競爭的風暴中。

終身僱用制的障礙

長年下來行銷無法在日本紮根，我認為戰後長期持續的終身僱用制影響甚鉅。企業想要吸收日本所缺乏的行銷思考方式，就必須透過中途採用（註8）的方式錄取具備相關經驗的優秀能力者。然而，在終身僱用制的全盛時期談何容易。

若是日本企業的競爭激烈、生存之戰如火如荼時，會是什麼情形呢？我認為企業為了求生存，勢必會更為積極地運用行銷力量——這也是日本企業不倚賴行銷也能長期持續經營的原因——若是日本早點進入競爭時代，我想終身僱用制也會更早由日本社會退場。

現今，對於經由中途採用錄取優秀行銷者躊躇不前的日本企業仍然很多，薪資待遇與年齡不符行情也是問題所在。諸多日本企業仍實行年功序列制，或是留有濃厚的年功序列制色彩，不同職能但同等位階的員工待遇幾乎毫無差別。例如，人資課長與行銷課長的薪資相當。

然而就勞動市場現況來說，以年資和位階等決定薪水，早已由「這個員工可以做些什麼＝職能」取而代之。在勞動市場中，「人事經理職能」與「行銷經理職能」的待遇仍有差異。本應以高於公司內部薪資水準的待遇聘請行銷專家，但實際上薪資往往不符預期。

此外，傑出優秀的年輕行銷者獲得高階職位與豐厚年收，在年功序列制色彩濃厚

註8：錄取有工作經驗的轉職者，可立即成為公司戰力。

的公司裡也將成為惱人的問題。就日本文化來說，肩負重責大任的領導者過於年輕，或是較周圍眾人年輕時，會讓部屬產生抗拒心理。

企業高層未下定決心強化行銷的理由，除了上述煩惱外還有兩點原因。首先，是「不曉得該如何是好」。自己是不憑藉行銷力量至今也一帆風順的世代，究竟該如何改革組織、僱用怎樣的員工、如何在公司內部充分運用，這些問題都讓人摸不著頭緒。同時自己（社長與管理階層）其實「並不曉得行銷的論點是否正確，要進行組織變革令人忐忑不安」。

另一項理由是「人對於凌駕自我的事物感到厭惡」，這常見於創業者仍在位的獨裁企業中。過去因傑出領導者的直覺與判斷而締造成功，使得現今要變更作法的必要性更顯薄弱。此外，或多或少會阻撓到公司內絕對權利者的「利益」。例如：「我才不管什麼行銷專家，讓我以外的其他人決定公司重要方針一點也不開心。」只要這位絕對權力者堅持己見且身體健康時，公司的前景可就無法保證了……

以環球影城來說，前社長甘佩爾相當重視行銷，因此賦予行銷團隊極大權限。這般英明的領導者，我認為才是大將之材。

現況若未改善，**由於薪資與年齡不符日本企業的慣例，將使得日本國內出色的行**

銷者流向外商企業。

以下與各位讀者分享我的個人經驗。大學畢業後我旋即進入P&G工作，日積月累的磨鍊與經驗累積下，不到三十歲就成為美髮商品的品牌經理，肩負日本國內業績與組織責任。三十歲後我擔任包含數個品牌的美髮商品事業部品牌經理，三十五歲後進入P&G收購的第二大企業裡，除了從事行銷工作外也同時管轄數個部門，累積以公司為單位的管理經驗。

三十七歲時我轉職至環球影城。在當時仍屬日本傳統風氣濃厚的環球影城中，我以在高階主管群中格外年輕、部下多比我年長的狀態重新開始。

作為員工的我，對於工作能力與年齡無絕對關係這個事實自然是心知肚明，況且任職P&G期間也曾帶領過數名較我年長的部下，因此我毫不在意。然而，對於重視組織整體和諧的日本企業來說，究竟有多少企業能與決定僱用我的環球影城作出相同判斷呢？

我認為**終身僱用與年功序列制對人事體系造成的阻撓，至今在日本社會裡仍是現在進行式的問題。**若不能由企業本身改變人事體系，傳統日本企業想要延攬出色行銷者無疑困難重重。

畢竟出色的行銷者不可能會想減少年收入，當然也不會願意接受以年齡為由降低職位。

以下純屬個人推測，我認為這般現況會在日後以驚人速度發生轉變。除了要挽救業績之外，就長遠角度來說企業本應致力於培育新進員工的行銷能力，但沒有僱用具備足夠能力的指導者時就無法開始。企業為了強化行銷能力，無可避免要經由中途採用錄用行銷者。因此，在我看來其實是不得不改變。就如同過去的環球影城般，遭窮追不捨的企業是要為求生存而改變，或是維持現狀被市場淘汰呢？接下來是企業被迫作出選擇的時代。

技術導向的障礙

戰後的高度經濟成長時代，使得日本經濟蓬勃發展，那時是持續大量成長的時代。乘著這股持續數十年的浪潮而成長的日本大企業，深信技術的優越性，對「製作好產品就能熱銷」深信不疑。

若擁有與競爭商品差異化的有利技術時，或許不需強力行銷也可能成功。畢竟許多日本製造業過去也曾歷經站上世界之冠的輝煌時代。

就獲得「技術」這項目的來說，確實適合施行終身僱用制與年功序列制的日本作法。每位員工專注於企業中具體的技術課題，學習必須耗費長時間才能通曉的技術領域，使得技術者與企業的利害長期一致而共有等，具有諸多優點。技術者不斷轉職以追求個人利益的作法，會使得許多成果落入企業手中。

日本技術導向風潮的興盛，也造成市場行銷發展遲緩。

迫切急需行銷而促使行銷發展，其實是因技術導致的商品差異化困難，即「低技術性」產業。最簡明易懂的例子為「水（礦泉水）」，請想像販售礦泉水。若不仰賴行銷力量，evian與其他品牌有何差異呢？不依賴技術的低技術性產業就只能憑藉行銷一決勝負。

過去我所任職的P＆G屬製造業，販售的家庭生活用品亦是低技術性。我負責的洗髮精等商品雖然擁有多項專利技術，但說穿了其實任何公司都可以製作。對於不需高額資本「誰都能製作」的產品，投入市場的生產者自然絡繹不絕。

此外，洗髮精等商品幾乎不會出現商品性能戲劇性提升、革新產品問世的情形。然而各家廠商仍是竭盡全力持續追求自家品牌的差異化，與對手一較高下以分得微薄的市占率。

在缺少技術革新的前提下該如何競爭呢？就唯有鑽研銷售方式了。深入理解消費者，改變商品概念、變更包裝、試著加入些聽起來有效的成分、變化電視廣告內容、思索引發話題的方法、講究店面陳列調整價格，為了生存每天都抱持著必死決心。

因此在消費財產業與服務業等為首的「低技術性產業」裡，行銷技術異常發達。反觀引領日本邁向高度經濟成長的家電、汽車等高科技製造業，由於需要投入高額資金，在過去以技術革新創造差異化並刺激新需求確實不無可能。畢竟衍生行銷需求之根源的「激烈競爭」原先就相較薄弱。

兼得「技術」與「行銷」的企業必勝

企業為求生存而成長，我認為**「技術」與「行銷」同等重要。**當然因公司內部文化差異，可能會略微偏向技術或行銷。不過若是僅擅長一項、另一項卻一竅不通時，未來公司存亡就有一定風險。

為什麼呢？儘管技術能力優秀出色，但現今已不是可頻頻提出革新技術以取得競爭優勢與創造市場需求的時代。此外，缺乏行銷作為助力時，發揮技術能力的方向正確與否也存在風險。

反之，僅倚賴行銷力量就能維持公司生存嗎？其實未來發展同樣岌岌可危。行銷戰略付諸實現需以一定程度的技術能力作為必要前提，當毫無「賣點」時也難以仰賴銷售方式持續推陳出新。

日本市場已臻成熟，少子高齡化趨勢使得國內市場日漸萎縮，許多大型企業儘管不情願也被迫將業務範圍擴展至海外。不得不面臨與世界接軌、自由競爭的時代。

「製作好產品就能熱銷」的時代告終，進入「能熱銷的商品就是好產品」之時代。公司有限的經營資源（錢、人、物、資訊、時間、品牌資產等）不僅用於換取經營者、技術者與製造者的利益，未能投資於以高效率提升消費者價值時就難以生存的時代降臨。

想要在這般時代存活，我認為如同現今環球影城般**挾行銷優勢以活用技術能力的企業**，正是理想的企業型態。

技術開發應專注的方法、開發商品的概念等，都由行銷在商業化初期決定，技術人員則全神貫注於回應行銷要求的商品開發。由此製成的商品，可說是確實理解消費者、擁有行銷視為「會熱銷」的信念，相當近似於最初期望的產品。同時邁入商業化時的風險已大幅降低，使得成功率向上攀升。

這即是行銷驅動的「製作會熱銷的商品」之系統。環球影城由技術導向蛻變為行銷驅動的組織結構，因而得以脫離經營困境。

現今半數以上的公司都難以單純依靠技術力量生存。過去獨步全球的日本製造業也面臨難關，許多企業的現況更是慘不忍睹。由於從相關人士獲知相關資訊的機會較多，我得知多數企業在全力發展技術導向的企業體質轉型上遲遲沒有進展，至今仍在「銷售製作的產品」之系統中苟延殘喘。

在技術領域裡獲得高度評價的商品，能否獲得同等的消費者評價其實是未知數。此外，儘管在實驗室實驗（Laboratory Test）與盲測（Blind Test，隱藏品牌的消費者測驗）中獲得好評的商品，也無法保證商業化的成功。時常出現令技術人員振奮之創新產品，但銷售業績十分慘澹的情形。

為了矯正這個反差，就必須導入橫越於組織中央、奉行「消費者觀點」的行銷運作機制，我認為這是今後所有企業不可或缺的經營關鍵。

我仍未感到悲觀。為什麼呢？我認為**只要藉助強大「行銷力量」，日本引以為傲之「技術能力」仍有大放異彩的可能。**由海外競爭對手企業的高階幹部那兒，時常聽到日本企業的技術能力非比尋常、不容小覷的高度評價，講白點就是「羨慕」。他們無不感嘆，若是自己公司也能擁有這般技術能力，成長幅度勢必可以再創新高。日本人費盡心思栽培的技術能力，就是擁有這般令人讚不絕口的出色水準。放眼全世界，日本企業的高水準技術與品質管理，在難以計數的領域裡都是名列前茅。

擁有令人欣羡的優越條件仍陷入經營困境，**唯有自覺問題出在行銷能力時，才得以開始反擊。**技術過人，那麼就善用技術強化行銷能力。這是個激烈動盪的時代，商業環境瞬息萬變，絲毫不會停下腳步。我深信想要存活於市場，唯有盡早強化行銷能力的企業才能適者生存。

這並不僅限於大企業。員工數十人的中小企業、僅個位數員工的創業公司也是相同情形。更進一步來說，大企業裡的任何專案，只要善用行銷力量也絕對能獲得戲劇化成功。

本章最後我要強調。**在行銷發展仍屬開發中國家的日本，日後對行銷者的需求無疑是與日俱增。**現今許多企業對於優秀行銷人員早已是求才若渴。

請試著想像，往後還會有無數企業為行銷者設立重要職位。支援我確信將來會激增的日本行銷需求，正是我撰寫本書的主要目的。若無法增加出色的行銷人員，未來日本就難以在激烈的國際競爭中存活。為了日本的未來，期盼有越來越多人在行銷之路上披荊斬棘。

第2章總結

幾乎所有日本企業都不懂行銷

1. 許多日本製造業陷入經營困境的原因，是由於過度看重技術導向、輕視行銷。

2. 電視廣告以提升自家公司的商業活動為唯一目的，但許多日本企業的電視廣告未能完成這個使命。

3. 許多日本企業的行銷部不知行銷為何物，也未發揮行銷功能。

4. 許多日本企業的組織結構並不利於行銷職涯的發展。

5. 行銷源自於美國的自由主義經濟，為企業激烈競爭求生存的實戰學。

6. 行銷在日本發展緩慢的主要理由，為日本的技術導向、阻礙競爭的規範限制、終身僱用制等原因。

7. 屬行銷發展中國家的日本邁入激烈競爭時代，往後對行銷的需求無疑將有增無減。

第 3 章

行銷的本質為何？

前述長篇大論後，本章將正式進入行銷的思考方式。使讀者掌握行銷本質意義為本章目的。

行銷者是指誰？

行銷者是指誰呢？企業行銷部的成員嗎？廣告代理商的企畫人員嗎？從事行銷研究的教授嗎？

事實上，上述所提到的並不盡然是行銷者。是否為行銷者並非由所屬公司，或是否通曉行銷知識來決定。那麼行銷者究竟是誰呢？簡單來說，就是「能否做好行銷」。如同對壽司無所不知並不表示能製作握壽司，通曉行銷也絕不代表可以確實做好行銷。**唯有能確實做好行銷工作的人，才足以稱得上是行銷者。**

即使是經營學的教授，其中許多也非行銷者。雖然他們可能對行銷知識瞭若指掌，但累積豐富行銷實務經驗者卻是少之又少。當然行銷領域的研究者能以實務行銷者不擅長的客觀角度對行銷發展有所貢獻，因此雙方並沒有任何對錯問題。實務工作者與研究者對於行銷發展缺一不可。在此要強調的是，若想成為真正從事行銷的行銷者，累積實戰經驗實為必要關鍵。缺乏實戰經驗時，在戰場上就無法以高準確度的行銷締造成功。

反之，未確實學習行銷的相關學術知識，但由高度知性與豐富經驗中習得「使顧客開心的工夫」、與行銷論點不謀而合的商人，也是大有人在。

有間我時常光顧的店讓我感到老闆「像是一個行銷者」。那是我從小就固定去理髮的理髮店老闆。早已年過七旬的他，至今仍是站姿挺立、熱心工作。長期磨鍊下來的精湛技術讓人毫無挑剔之處。

有時我雖然是去理髮店剪髮，但其實並非為了剪髮而去。前往諮詢才是最大目的（笑）。能提供「剪髮」這項服務的店家比比皆是，然而理髮店老闆過人的知性與話術往往可將「客人心中的擔憂與煩惱一併剪去」。他不會對客人阿諛諂媚，還常在必要時以他精準觀察力說出一針見血的建議。剪髮後讓人身心都無來由地感到暢快無比！**這般獨家服務，想要找到其他店家取而代之無疑困難重重。**「超越剪髮的剪力」正是使這間理髮店贏得高回客率的商業驅動力。

此外，對我展現善意的魚店年輕老闆，建議我購買剛進貨的新鮮魚貨、傳授如何料理的簡單食譜，為了提升顧客對自家商品的滿意度不遺餘力。他還時常「贈送」蜆、海藻等讓我喜出望外的當季特產。冷靜思考後不難發現，與我消費金額相較下那些贈品其實微不足道，但**由於預期之外的服務讓我留下特別印象，也會成為日後回購的理由。**這些其實都是相當出色的促銷方式。

日本這個國家雖然缺乏作為行銷者的自覺，但「市井小民之中的行銷者」仍不在少數。

什麼是行銷？

過去販售美髮產品時，還在就讀小學的孩子曾問我：「爸爸你的工作是什麼呢？」我回答：「是行銷唷。」但話一說出口後我就感到「糟了！」因為我馬上就可以想到下列問題：

「什麼是行銷啊？」

我思量片刻後回答：

「行銷啊，與其說是賣東西，不如說是讓東西賣出去的工作唷。」

「販售商品」是業務的工作，「讓商品熱銷」則是行銷的工作。

你可曉得其中的差異？當然就廣義來說，行銷也是「販售商品」之業務行為的一環。然而，就兩者相異特點來說，行銷工作焦點應是「不在販售而是熱銷」。

那麼「讓商品熱銷」是怎麼一回事呢？簡單說來，就是創造只要將商品上架顧客就會趨之若鶩前來搶購的狀態。事實上，當行銷活動成功時，業務想要推銷商品也是輕而易舉。將商品上架就能銷售，即是使顧客對於商品抱持**「選購是理所當然（的理由）」**。

依顧客而異，行銷可大致區分為兩大類。首先是**向法人（公司）顧客銷售商品，稱之為「B to B行銷」**。這是Business to Business的簡稱。簡單來說就是為了促成公司間交易的行銷技法。

另一系統為**向個人（消費者）顧客銷售商品，稱之為「B to C行銷」**。C為Consumer（消費者）之意。在客廳向個人推廣「買這個吧！」的電視廣告也是以此為目的。「B to B」與「B to C」的行銷方式略有差異。但兩者都有行銷哲學作為貫徹軸心。

儘管顧客不盡相同，但促使任何顧客都能選擇該商品正是行銷本質。本書是就行銷基礎入門、最為簡明易懂的「B to C」觀點進行撰寫。因此，在後續內容裡「消費者行銷」將以「行銷」代稱。

行銷的本質

「打造熱銷的結構」為行銷本質。如何能售出商品呢？只要**操控消費者與商品的連接點，就得以輕鬆達成。**

行銷應掌控的消費者連接點主要包括三點。

（1）控制**消費者腦中的思考**。

（2）控制**商店（販售場所）**。

（3）控制**商品的使用體驗**。

掌握這三項要素時，就能建立熱銷的結構。三項要素同等重要，但不論商店購物體驗或商品使用體驗，都與消費者腦中的印象息息相關。因此要選擇最重要的關鍵時，我認為是「消費者腦中的思考」。

（1）控制消費者腦中的思考

將人腦中的認知轉變為有利於自家品牌時，自然就能直接由消費者腦中打造選擇的必然。

認知率（Awareness）：人是對於不清楚事物難以採取購買行動的生物。與其選擇不認識的品牌，熟悉的品牌會使人更為安心。因此，讓消費者認識品牌為一切的根本。使消費者建立對自家品牌的認知，這是任何行銷者最應該留意與努力之處。

若視市場為一百時，其中的消費者認識自家品牌的比率稱之為**「認知率（Awareness）」**。一般而言，品牌銷售業績會隨高認知率而增加。可提升消費者認知的驅動力有諸多要素。電視廣告、平面廣告等媒體廣告、宣傳、走在路上引人矚目的戶外廣告（OOH，Out Of Home media）與廣告看板、網路等數位媒體及網頁，在店面才認識該品牌的消費者也不在少數（店面認知），口耳相傳的好評經由社群網站（SNS，Social Networking Service）普及也是近年急速攀升的一股力量。事實上認知率與其說是憑藉其中一項認知途徑而構築，不如說是經由複合認知驅動力組合而成更為普遍。

人是健忘的生物，消費者除了異常關心的事物外都會立即遺忘。行銷無所作為時，先前提升的認知率就會逐漸下滑。在有限的行銷預算裡，該先獲得多高的認知率，或是該如何高效率維持認知率，就要由行銷者不斷嘗試與摸索來決定。

品牌資產（Brand Equity）：消費者腦中對於品牌的既有印象為「品牌資產」。當建立利於競爭的品牌資產後，就能不斷提升銷售業績。這也是行銷的本質工作。**為了建立品牌資產的一連串活動稱之為「品牌化（branding）」**。「行銷工作」＝「使自家產品熱銷」＝「讓消費者腦中認定選擇自家產品為必然」＝「構築利於競爭的品牌資產」＝「品牌化」。

行銷的主要工作即是塑造消費者腦中的「選擇必然」，為達此目的之活動就是「品牌化」。

Equity在英文中即是「資產」之意，Brand Equity為「消費者腦中建構的品牌資產」。品牌資產是消費者對該品牌的認識，不論正負面印象均包含在內。

舉例來說，請想想「賓士」這個牌子。你有什麼印象呢？高級房車、德國技術、三芒星的商標、黑色、有錢人、車上的人好像有點恐怖……這些全是賓士的品牌資產。

「吉野家」又如何呢？牛丼、橘色招牌、迅速、美味、便宜……你腦中浮現的一切，即是「吉野家」的品牌資產。

接下來，請試著留意在你腦海中浮現的是影像還是語句。聽到「東京迪士尼樂園」時你會想到什麼呢？米老鼠（影像？）灰姑娘城堡（影像？）夢想與魔法的國度（語句？）遊客的笑容（影像？）熱忱的服務（影像？語句？）你是否察覺腦中突然出現了大量影像呢？不論影像或語句，所有都是品牌資產。順道一提，視覺可謂最強的感覺器官，視覺影像資訊是在腦中形塑品牌資產的強力武器。

反之，請試試由品牌資產回想品牌。來自阿爾卑斯山湧泉的礦泉水是？以馬為商標的超高級紅色跑車是？你是否有想起evian與法拉利呢？

日本史上最傑出的天才打者是？日本第一的熱血男子是？你是否有立即想到「鈴

木一朗」與「松岡修造」（註9）呢？名人也有著出色的品牌。

如同上述那樣能建構出讓多數消費者腦中立即想起的品牌資產，多是強力的大品牌。絕大多數品牌都無法達成。在消費者進行想像前連品牌名稱都不曉得的「認知率」就是一大問題，自然也難以在廣大消費者心中建立強大的品牌資產。強力大品牌是經由長年努力而在消費者腦中占有一席之地，這類品牌其實僅是九牛一毛。

在品牌資產中，有著讓消費者選擇該品牌的重要理由，及不選擇該品牌的理由。促使消費者選擇該品牌的強力理由稱之為**「戰略性品牌資產：Strategic Brand Equity」，這也是促使消費者必然選擇的主因。**

美國行銷先驅者們以「資產」來形容消費者腦中對於品牌的印象，令人感到相當敬佩。如同字面上呈現，品牌資產為品牌最重要的資產。我們行銷者經由各式各樣行銷活動，就宛如在消費者腦中儲蓄般。建立根深蒂固的品牌資產，無疑是最強大的「肉眼不可見之資產」，將成為與其他品牌出現差異化、展開有利競爭的原動力。

（2）控制商店（販售場所）

各位讀者是否有過類似經驗呢？「想購買某項商品而前往店面，但卻找不到商品，或已經售完」，或是「本來想買其他品牌的商品，但要到比較遠的店才能買到，所以就在鄰近商店買了類似商品」。此外，「打算購買自己慣用品牌的商品，但看到店家裡其他品牌的商品相當便宜，所以就改變主意買下了」。

這些全都是自家品牌在商店的敗戰。儘管消費者腦中已建構充足認知與有利的品牌資產，卻也無法保證一定會購買，這是由於在「消費者購買商品的現場」存有三項商業驅動力的緣故。若無法掌握這三項商業驅動力，就會不斷對品牌的潛在銷售造成阻礙。

經銷率（Distribution）：掌握商店的最重要關鍵即在此。自家產品可以在商店裡占有多少販售比例，即是經銷率；也就是消費者購物的商店裡，自家商品占有多少比例。儘管消費者想要購買，但無法買到該商品時，銷售額仍是零。在市場上占有多少經銷率，對行銷者而言是與認知率同等重要的基本商業驅動力。

註9：已退役的日本網球男子選手，為亞洲第一位網球大滿貫男單八強者，是亞洲體育史上最佳男子網球選手之一。

有仰賴販售食品、生活雜貨的全國性大賣場，或藥妝店、生活百貨等小型店家生存的商業模式，同時也有如同家電業以大型量販店為主戰場，近年蓬勃發展的網購也開始在實體店面銷售等商業模式，銷售方式依產業而異可說是五花八門。

我過去曾身經百戰的洗髮精等美髮產品的市場，是以藥妝店為主的零售業經銷為主戰場。每年兩次（春秋）要變更架上陳設時，各家新商品無不想盡辦法瓜分有限的架上空間，也會出現失去上架位置的商品。此外，儘管在相同貨架上，為了爭奪易吸引消費者目光的有利位置，各家廠商也紛紛使出渾身解數。

同業對於經銷率的競爭，與其說是針對流通業者（批發與零售）的品牌競爭，不如思索如何提升店家販售自家產品的好處，這點「流通業者選擇的必然性」將成為勝負關鍵。是要以利潤決勝、還是對零售單價提升有所貢獻，或是交由營業額決定，這些都可能是行銷者該衡量的重點，但最重要的關鍵仍是「製造消費者強烈需求的狀態」。當自家品牌獲得消費者強力支持時，對流通業者來說無疑是增加營收的最大理由，不販售該商品的小店還會失去客人信賴。此時儘管合作條件不佳，流通業者仍會主動積極爭取。

堆積如山展示（Display）：人無法時常清楚記得想買的商品與該買的商品。儘管知道該品牌，在瞬間忘得一乾二淨也是稀鬆平常的事。更何況身處於擺放數千數百種商品的店面時，也不一定就會購買原本屬意的商品。為了使消費者在商店中察覺自家品牌，就必須確保可吸引消費者目光的廣大空間，提醒（或使其回想）「啊，我先前就想買這個」。

商品貨架外的空間更為有限，因此戰役越發如火如荼。**在貨架以外之處要用商品吸引消費者注意的典型作法便是堆積如山展示。**顧名思義是指在商店貨架尾端將商品堆成一座小山，宣揚「這個商品特賣中！」的一個小角落。在商店裡未受到注意就不會被購買的商品宿命，經由視覺上的顯眼展示，對於促使消費者選購可說是壓倒性有利。堆積如山展示的販售效果無與倫比。過去我所販售的美髮商品等，儘管價格一成不變，但以此方式銷售與否會使銷售業績產生數倍之差。光就這點來看，「使消費者在商店留意到商品」的重要性不容置喙。儘管是都會區藥妝店等狹小店面裡，仍可發現堆積如山展示的空間，也是基於這個理由。

堆積如山展示法的商店促銷方式，為控制作為賣場最前線之商店的重要驅動力。商店宣傳方式還包括傳單（夾在報紙當中的特惠訊息）、店面推銷（由銷售人員在商店展示商品、提供試吃等）。不論哪一項作法都能促使商品在商店裡受到矚目，進而提升業績。

價格（Pricing）：行銷者在掌握商店方面應特別留意的第三項商業驅動力為價格。行銷者設想的商店販售價格，並不全然能完全實現。這點也令許多製造業（廠商）的行銷者費盡心思、絞盡腦汁。製造業直接將商品出售給消費者說來簡單，但實際上必須先銷售給批發商，再轉售零售業，最後才會到消費者手上。因此商店販售價格由零售業決定。

行銷者需經由流通利潤（批發業者與零售業者的利潤），逆向推算制定易於零售商店流通的價位，進而決定自家品牌的價格政策。但由於各家業者間的彼此考量，行銷者期望的價格並無法全然落實。

較目標商店價格帶高不行，過低也不行。當商品單價令消費者感到過高時，銷售數量就會不如預期。

因此便會出現反向思考——只要單價便宜就能提升銷售數量。但這當中其實有三個問題。首先，是較自家品牌價格印象「便宜」時，就會與品牌策略不符。換言之，會被消費者認定是便宜的品牌。接著，是在商店販售的中長期風險。價格較預定低廉時，代表必須減少流通利潤。當成為利益低的品牌時，與競爭對手相較下就失去了店家願意特別支持的理由。最後，日後的促銷價勢必更為便宜才可能提升銷售業績。促銷（以減價增加銷售）就好比痲藥般，當數次注射同一價格後，消費者就會慣於刺激而不會覺得這個價格便宜了。

最重要的關鍵在於，**應確實擬定就中長期來說，可促使品牌發展之必要價格的大方向思考方針（價格策略），並以實現為目標徹底執行具體計畫。能否將價格維持在行銷者所預想的價格帶，與使中長期業績（單價×個數）最大化、維持品牌榮景密切相關。**

以我過去所賣的美髮商品來說，分別檢視各個通路（全國性大賣場、藥妝店、生活百貨等）中自家品牌的平均價格、堆積如山展示的價格、傳單價格等，是否符合預期價格時，結果往往是好壞參半。

任職環球影城後，由於所有票券均直接出售給消費者，讓我深切感受到可全權決定商店販售價格何等難能可貴。不過，之後由於哈利波特園區的登場，使得部分消費者的門票購買價格變得難以掌控。

與價格相關的閒聊——環球影城與網路黃牛的對戰

環球影城與網路黃牛間的激烈對戰，許多讀者可能透過媒體報導時有所聞。環球影城由於大受歡迎，黃牛業者因此將環球特快入場券（可縮短搭乘指定遊樂設施的等待時間）全數買下，再經由網路拍賣網站等以高出原價數倍之多的價格轉售給一般消費者，囂張行徑讓人無法視而不見。

在路上兜售黃牛票會遭警察逮捕、但網路黃牛卻逍遙法外的現實，我認為就消費者觀點而言其實糟糕透頂。不僅止於環球影城的門票，傑尼斯等許多人氣音樂活動的門票等，也由於警察無所作為而成為網路黃牛的目標，以驚人高價在網路上轉售。

過去警視廳曾逮捕轉售吉卜力美術館門票的中國籍女子，但就整體來說警察對於網路黃牛的取締仍屬遲緩。放任這般現況持續發展時，最終會對購買門票的消費者造成巨大影響。

黃牛瞬間將票券搶購一空，使得消費者無法經由正常管道以原價購票，而被迫支付高出原價數倍的金額。比起在路上兜售的黃牛，網際網路世界蓬勃發展的現今，其實受害範圍與程度也日漸嚴重。**閱讀本書的您若是媒體工作者、國會議員或警界相關**

人士，還請為了維護消費者利益，提出建立與掃蕩街頭黃牛同樣完整、取締網路黃牛的體制！否則被捉住弱點的消費者只有忍痛以高價購買黃牛票一途。

環球影城也接獲難以計數的消費者哀號。像是「我想為高齡的母親購買環球特快入場券，該怎麼做才能以普通價格購票？」

說實話，其實對業者來說無關乎售票對象，收入都不會改變，網路黃牛的橫行短期內並不會有損利益。反之，環球影城的收入也不會因網路黃牛的問題解決而增加。儘管如此，環球影城仍決定與網路黃牛正式宣戰，雖然被說是特立獨行，也仍在二〇一五年十一月投入大筆資金力行對策。

你可曉得個中緣由呢？這是由於**就中長期的角度來說，要打造環球影城是值得消費者信賴之品牌。**換言之，為了延續「普通人在普通時期就能以普通價格購買的品牌」，盡可能地掌握價格是重要關鍵，同時起身與依賴轉售門票從消費者身上賺取暴利的貪婪社會惡行抗戰，我認為也是企業責任。

此外，由這個社會惡行中獲利的其實不僅網路黃牛本人。經營供黃牛轉售門票的轉售網站公司，其獲利來源即是向黃牛收取手續費。而且驚人的是，熱門轉售門票網站「Ticketcamp」是由上市公司mixi（註10）所經營。只要警察不會找上門來，能賺錢的生意什麼都能做嗎？在路上遭到逮捕的黃牛，只要轉戰網路繼續以賺取差價維生也無妨嗎？這不應該是先於企業守則之前的最低限度道德問題嗎？

曾有門票轉售網站的負責人表示「為了幫助因臨時情況而無法前往的人，基於善意而提供他們轉售管道」等。然而，除了出於善意的轉售行為，許多惡意轉售業者從中賺取手續費。經由轉售網站出售的門票裡，若無法完全排除明顯大量轉售的網路黃牛票，那麼他們的所作所為最終仍是在助長網路黃牛恣意妄為。

此外，曾有門票轉售網站負責人的藉口說得頭頭是道：「是環球影城不接受門票取消預約的錯，全面禁止轉售根本違反消費者利益。」

環球影城不接受環球特快入場券等取消預約的最大理由，簡單來說就是「為了維護消費者利益」。假使環球影城開放環球特快入場券取消預約，情況會如何呢？由於可隨時取消，黃牛業者就沒有庫存壓力，只會持續大量買斷票券。不是黃牛的一般消費者，也可能會同時購買數張不同日期的票券，只會讓票券越來越搶手。這無疑會對消費者利益造成嚴重損害。

另一項理由是，環球特快入場券其實是設定相當精細的特殊門票。並不如飯店預約那般簡單，而是要以每分鐘為單位去計算，並預測多個遊樂設施的順序同時進行排列組合，是經過極為精細計算的特殊門票。每項精細設定都以確實使用為前提，允許取消會使得預測準確度忽上忽下，反而會造成可出售的門票數量受到限制，自然也無法作為商品販售。

舉例來說，東京迪士尼等設定精細的活動也不開放取消，現場演唱會等各種類似活動也不接受取消（也無法），這就是業界標準，並不是只有環球影城特立獨行。儘管海外的環球影城有取消機制，但已被黃牛業界盯上、現今人氣超夯的日本環球影城仍是沒有辦法。

對於這種特殊票券的販售公平性，也曾討論各式各樣的對策。對環球影城來說，自然是以言出必行的消費者為優先才公平，即是「盡量以真正想購買的消費者為優先」。為了避免「想要轉售而搶購」、「覺得有趣而預約」，讓多數真心想購買的消費者都能買到，現今唯一的方式就是「不可取消」。

註10：日本企業，二〇〇四年因開設同名社群網站而聞名，近年開發之手機遊戲「怪物彈珠」目前位居日本手遊界龍頭。

環球特快入場券是販售給「理解這個票券不能取消仍購買」之消費者，因此在購票前會不厭其煩與消費者確認。為了有取消需求的極少數人，要使壓倒性多數人的利益受損之結構，我們認為欠缺公平性與合理性。

與黃牛業界堅決對戰，我想日本環球影城可能是世界首例，我們還使出了「必殺技」，就是**「經確認是轉賣的票券就無法使用」**。我們不惜祭出將由轉售業者購買票券的風險由消費者承擔的強硬政策，我想全世界的大規模遊樂設施裡也只有環球影城這麼做。

舉例來說，票價飆升到一人五萬日圓，全家四人共花了二十萬日圓購票，但這些票券到了環球影城卻無法使用。要執行這項政策前我們也是煞費苦心。若是警察能如同取締街頭黃牛般有所作為，情況可能就大不相同，然而就現狀來說，企業本身要自行擬定有效對策，保護壓倒性多數顧客免於遭轉售業者剝削，我們認為除此之外別無他法。這也是我們絞盡腦汁後的下下策。

這般強硬政策公布後，旋即引起部分票券轉售網站業者的「反對」聲浪，這是可想而知的結果。如此一來，他們不僅無法由大受歡迎的環球影城身上獲利，而且若是傑尼斯等其他大型企業也跟進環球影城的作法，轉售網站賺取手續費的商業模式將崩潰瓦解。

他們主張「應允許善意的票券轉售」。然而「善意轉售」與「蓄意轉售」又該如何區別呢？若是**允許善意轉售，那麼就明訂不僅限於環球影城，任何票券都不可加價出售的規定不就好了嗎？**

由於實施這項對策的關係，環球影城還成立了特別團隊，用以監視在網路上轉售的環球影城票券。轉售行為經確認後，就會徹底執行票券失效策略，實際上也確實有數千張票券因此作廢。要在樂園現場告知遊客票券無法使用，可想而知會與「經由轉售業者購票的客人」間發生難以避免的爭論。然而，與經由轉售業者購票的遊客相較下，我們選擇保護壓倒性多數的普通遊客。在現場確認為轉售票券後，不論顧客如何抱怨，我們仍是堅持拒絕使用，這項策略今後也將嚴格執行。

開始執行這項對策後僅幾個月的時間，轉售票券已較先前大幅降低九成之多。其實這是場行銷者的戰爭。不是變更購票的防禦機制等與黃牛業者進行攻防戰，而是著眼於消費者需求本身。**當買方需求銳減時，轉售者的利益自然也就下降。**

當消費者建立「環球影城票券有在轉售網站高價購買仍不能使用之高風險」的高度認知時，顧客也會出於畏懼而不會購買。買家減少，賣方自然也是興趣缺缺。這項對策在短期內就得到正面成果，也讓許多企業紛紛前來詢問環球影城的訣竅。

此外，這項創舉還有項附加效果。由於環球影城已公告「不得使用轉售票券」，明知如此仍轉售票券的黃牛，就等同於在販售毫無效用的廢紙，**這足以構成「詐欺罪」**。「詐欺罪」屬刑事罪，警察有義務介入調查。經由轉售行為而獲利的網站經營公司，也需背負刑事犯罪共犯的風險。

作為一間企業的能力範圍有限，但不對網路黃牛視若無睹，才能守護與每位光臨環球影城之遊客間的信賴關係，我們已對這場長久戰作好覺悟。

（3）控制商品的使用體驗

似乎有點偏離主題了，題外話就此結束。請試想，你對品牌經營竭盡全力，使消費者腦中的認知與品牌資產根深蒂固，販售商店的經銷、展示、價格等也都符合預期。若能達到這個地步，有相當高的可能性不需太久時間就能看見業績成效。然而，很遺憾的是這樣還無法稱得上是「我為自己的品牌建立了熱銷結構！」因此無法保證中長期的成功，此時仍欠缺「控制商品的使用體驗」。

消費者首次購買時可稱之為「嘗試（Trial）」。控制消費者思考與商店後，就有很高的可能性可達成「嘗試」。然而，若消費者未能第二次回購，就難以維持品牌的中長期營收。**第二次後的購買稱為「回購（Repeat）」**，回購機率稱之為回購率。影響回購率的主因，即是先前購買的商品使用體驗。此外，儘管會回購，但再次購買的時間點也相當重要，**在一定期間內數次購買的「購買頻率（Purchase Frequency）」**越高（即購買間隔越短），對於行銷者來說自然是求之不得。

實際使用商品後，是否符合預期？或是超出預期？抑或是遠不如預期而大失所望呢？使用經驗與期待值間產生的落差會嚴重影響回購率。實際購買前的行銷活動裡，消費者都對商品抱持某種程度的正面期待。因此購買商品後，若實際使用體驗高於預期，回購率自然也會上升。此外，商品使用經驗的「口耳相傳」會形成對品牌的評價，同時也會對於「嘗試」造成影響。行銷者應重視商品的使用體驗，設法預先規劃提升回購率與正面評價的前置作業。

具體來說該怎麼做呢？**行銷者該採取的不二法門，即是事先在商品與服務的R&**

D（研究開發）方面，製作能博得消費者歡心的商品。不偏限於研究室，而是製作真正與消費者價值關係密切（理解一般消費者的差異）的商品。這是理所當然之事，同時也別無他法。

若是製作了令人遺憾的商品又該如何呢？

此時請採取能提升品牌價值的正確行動。會使消費者感到失望的商品將嚴重毀損品牌價值，放棄上市才是明智之舉。

品牌化不應短視近利，提升中長期的品牌價值才是重點。消費者並不是傻瓜，絕對不要想欺騙、敷衍他們。可不要小看消費者付款後留下負面印象的後果。

若是有點不上不下的產品又該如何呢？「雖然沒有嚴重到損害品牌價值，但也對開創品牌價值毫無建樹……」這般讓人不知如何是好的產品該怎麼做呢？若是情況允許放棄上市，仍是強烈建議不上市。

為什麼呢？因為眾人費盡心思，但結果可能毫無助益。欠缺提升品牌價值的商品卻要耗費公司的經營資源，我認為是相當揮霍的無意義行為。

而且實際面臨這般窘境時，對行銷者來說反而極為不利。我只能說「要避免這類情形，就應預先充分考量公司內部情形」。若最後仍演變為不得不上市販售時，應盡可能在該商品上找出得以與消費者價值有所連繫之處，並以此為訴求設法提升品牌價值，即使只是一丁點小地方也無妨。

「我們都賣些無趣的商品」——這是行銷者絕對不可能說出口的話。這是因為以消費者觀點提供優秀商品與服務，正是行銷的重大使命之一。

宛如治水工程般

就前述內容，以下再次統整行銷結構的組成要素。促使消費者決定購買的商業驅動力流程依序排列如下。

Awareness（%）	認知率
Distribution（%）	經銷率
Display（%）	商店展示率
Trial（%）	嘗試率
Repeat（%）	回購率
Pricing	平均價格
Purchase Frequency	購買頻率

將實際數據套入這些商業驅動力後，即可計算品牌營收。請不要因為突如其來的數學而感到掃興。只要使用小學生就會的加減乘除即可，以下會簡略解說。

首先，將市場的消費者人數乘以認知率、經銷率、購買率，即可得到銷售數量。

「銷售數量」＝「消費者人數」×「認知率」×「經銷率」×「購買率」

（此為一人購買一項商品的情況。若購買數項商品時，則乘以平均購買個數）

接著，再乘以平均單價即可得到業績（使用回購率與購買頻率亦可計算一定期間內的業績，在此暫且不提）。

「業績」＝「銷售數量」×「平均價格」＝

「消費者人數」×「認知率」×「經銷率」×「購買率」×「平均價格」

行銷者為達成目標應有的銷售數量與業績，即可使用上述算式確認。熟能生巧後，還可就「認知率該達到多少百分比才行呢？」、「還要再使購買率提升多少百分比呢？」等進行細部思考。由目的反向推算，可幫助確立成功的必要條件。

以下舉具體範例說明。這是環球影城裡某一品牌活動企畫的例子。經調查得知該品牌的全國粉絲有五百萬人。據用以建立消費者認知的行銷預算進行估算，認知率約有百分之五十。接著來看經銷率，日本全國環球影城的經銷率（想購買也可買到）有多種不同衡量角度。以關西作為唯一據點之環球影城的活動，就交通與住宿費用等不會帶來高額花費的範圍來思考，經銷率為關西地區人口的比率（即百分之二十）。購買率需待實際執行時才能曉得。大型主題樂園中舉辦這類活動也是業界首見，因此也無法由自家或競爭對手的過去資料作為參考。那時我以回收成本所需的最低購買率百分之六、可稱得上大成功的百分之十進行計算。

像這般模擬成功情況的必要條件明確時，後續行動也是呼之欲出。以上述例子來說，即是策劃使粉絲認知率達百分之五十，並使百分之十已建立認知的粉絲產生購買欲望的魅力企畫內容，同時以魅力企畫作為建立認知的中心訴求。之後只要實際購買率達百分之十以上，即可說是圓滿成功。

順道一提，這個算式不限於樂園產業，於諸多產業皆可適用。在此推薦給各位讀者，可用以模擬自身從事工作的商業情形，進而確認關鍵點。

消費者因「認知」而「購買」進而「回購」，出現購買行動的過程稱為「購買流程（Purchase Flow）」。對於以務必要熱賣作為工作的行銷者來說，應確實理解購買流程，進而思索該如何調整各項商業驅動力以得出不同結果。

以前述例子來說，想要達成來客數五萬人，就要作出購買率必須有百分之十的判斷。若購買率僅一半剩下百分之五時，來客數自然也會減半為兩萬五千萬人。

因此要達成五萬人的目標，該設法將認知率提升至百分之百？還是將購買率由百分之五提升至百分之十？或是兩者同時提升？至少需完成任一項才能達成目標。由於關西人口固定，因此經銷率也無法改變。

不過，以這個例子來說，吸引更多粉絲、使認知率達百分之五十以上，就電視廣告等的預算考量並不符合現實。換言之，**應預先建立「購買率為可掌控的最重要商業驅動力」之認知**。預先知曉該集中投資的關鍵點後，獲得正面結果的成功率也會大幅提升。

決定購買的商業驅動力

Awareness（%）	認知率
Distribution（%）	經銷率
Display（%）	商店展示率
Trial（%）	嘗試率
Repeat（%）	回購率
Pricing	平均價格
Purchase Frequency	購買頻率

↓

例：某活動的參加者

Market Size	全國粉絲500萬人
Awareness（%）	×認知率50%（＝250萬人）
Distribution（%）	×關西20%（＝50萬人）
Trial（%）	×購買率（最低6%，10%以上為佳）
	＝**購買人數**（最低3萬人，5萬人以上更佳） （乘以單價後即是業績）

以購買流程的這個情況來說，經由事前模擬的檢核，可發現商業結果的瓶頸，也能知曉想要有效提升成功機率所該集中火力的著眼點。

將購買流程作為對照思索行銷者的工作時，我屢屢感到**彷彿在進行河川的治水工程**。欲使位於上游、「市場大小」的湖其百分之百蓄水量，盡可能沿著河川流入位於下游、「業績」的企業池子，但河川當中有「認知率」、「經銷率」、「購買率」等數處狹隘之處，因此造成水流量減少。

若能事先知道河川狹隘的確切位置，就能進行適當的治水工程，使河川日漸寬闊，以此建立增進水流的結構。我認為打造這般銷售必然性正是行銷者的工作。

第3章總結

行銷的本質為何？

1. 從事行銷工作的人稱為行銷者。

2. 行銷是「讓商品熱銷＝打造熱銷的結構」。

3. 顧客為法人（公司）時稱之為「B to B行銷」，顧客為個人（消費者）時稱之為「B to C行銷」。

4. 操控消費者與商品的連接點，即可打造「熱銷的結構」。主要包括三點：控制消費者腦中的思考、控制商店（販售場所）、控制商品的使用體驗。

5. 控制消費者腦中的思考，是指提升對自家品牌的「認知率」、塑造消費者腦中「選擇必然」的「品牌資產」（＝品牌化）。

6. 為了控制商店（販售場所），就必須留意促使消費者購買自家品牌商品可能性最大化的「經銷率」、「堆積如山展示」、「價格」等。

7. 想要控制商品的使用體驗，就要由行銷引導可提升消費者價值的商品開發。

8. 行銷者利用「購買流程」導出為達成目的之必要條件，宛如進行治水工程般利用商業驅動力加以改善。

第 4 章

學習「戰略」

本章將介紹理解行銷時必要的「戰略」。會明確針對**「什麼是戰略?」及「戰略性思考是怎麼一回事?」**進行詳細探討。以深奧語句解說戰略的書籍市面上多如牛毛，那並非本書目的；讓我的女兒也能讀懂、盡可能平易近人解說戰略，才是我關注的焦點。

當被問到「要當個行銷者，最重要的能力是什麼呢？」時，我會不假思索地回答「擁有戰略性思考能力」。若無法進行戰略性思考，就無法善加活用下一章會介紹的行銷思考方式「行銷架構（Marketing Framework）」。**慣於戰略性使用頭腦，這是成為行銷者的第一步。**

即使不以行銷者為目標，養成戰略性思考方式也是有益無害。所有工作都能因此帶來正面成效。**建立戰略性思考的習慣，絕對會使你的職涯顯著好轉。**

戰略性思考會帶來兩項劇烈變化。

首先，是令**工作成果顯著**。進行戰略性思考後，會使人更加集中精力於重要關鍵上。因為學會了「選擇」的時間管理法，也與正面成效直接相連。

第二項是**讓說服力激增**。採用戰略性思考後，自然而然就會具備讓他人感到「原

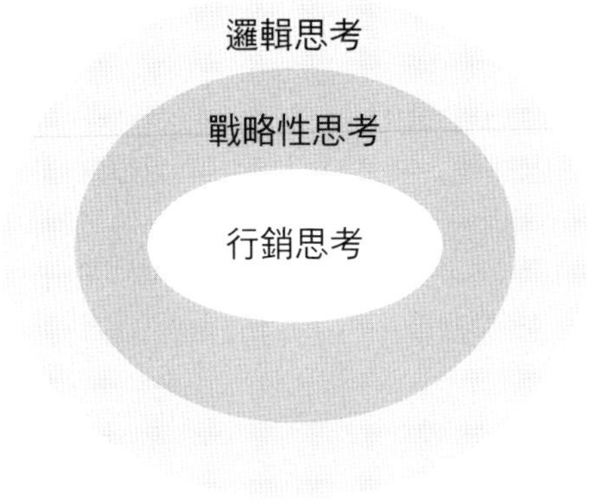

來如此！」而認同的說話技巧。不論對象是上司、部下或同事，你的意見都能輕鬆傳達，提案獲得採納而執行的機率也大幅增加。身處公司這個龐大組織之中，憑一己之力幾乎無法成就任何事。然而，即使隻身一人也能**「找出應遵循的正確方向」**及**「打動他人」**。建立戰略性思考方式，就是讓你站上迎向勝利的起點。

邏輯思考時常會被拿來與戰略性思考相提並論。以下簡單說明這兩者的差異。

邏輯思考→戰略性思考→行銷思考，若要舉例說明彼此關係，就好比「日本→東京都→澀谷區」。

宛如澀谷區位於日本國內的東京都裡，行銷思考屬戰略性思考，而戰略性思考又包括於邏輯思考當中。換言之，在行銷思考時，一定也同時進行戰略性思考與邏輯思考。

什麼是戰略？

戰略本是因戰爭而生的思考方式。戰略的「戰」指戰鬥，「略」表示謀略。本意即為「為了在戰爭中獲勝而思考各種方式」。關於戰略，歷史上有無數戰略家與研究者以形形色色的詞彙試著定義。例如普魯士軍事家卡爾・馮・克勞塞維茲（Carl Von Clausewitz）的名著《戰爭論》，是為了理解戰略而匯集人類的智慧結晶。然而，《戰爭論》內容艱深晦澀，需要耗費一番精力才能真正融會貫通（感興趣的讀者不妨嘗試閱讀，這是本令我在戰略方面受益良多的教科書）。本書會盡量以商業的角度進行定義。

戰略的定義：戰略是為達成目的而分配資源（Resources）的「選擇」。（A set of choices to define how to allocate resources in order to achieve an objective.）

感到「咦？」的讀者也不必擔心。接下來讓我們一起來確認這句話的含意。

「目的（Objective）」是想要達成的目標。「資源（Resources）」請想像是自己可運用的資金、人力等。「分配（Allocate）」與「選擇（Choices）」即是字面上之義。

以下以白話的方式改寫。

「戰略是想要達成特定目的時，對於自己擁有的各式各樣資源，選擇要集中使用於哪方面」。

你覺得如何呢？我的孩子們覺得這個說法較能清楚理解。更簡單來說，戰略就是**「分配資源的選擇」。**

為何需要戰略？

想要理解戰略的意義時，先理解戰略的必要性為快速捷徑。究竟缺乏戰略時會有什麼問題呢？戰略為必要的理由有以下兩點。

1. 具有非達成不可之目的。

2. 資源時常不足。

反向來看即是如此。若缺乏目的時戰略也失去必要性，資源無限、供給無虞時也不需要戰略。然而，針對想要達成之目的，資源時常匱乏才是現況。不論規模多大的公司，仍時常面臨資源不足的問題。大型企業裡，目的往往設定高標，因此要防守的商業活動範圍自然較為廣泛。與規模成正比的資源使用量亦隨之增加，便造成經營資源短缺。

以下引用美國實業家的話：「對於想要達成之目的，經營資源常是壓倒性欠缺的狀態，這也是創業時代至今不曾改變的挑戰。」

有位歷史名將曾說：「我的人生，是由期望再多點騎兵及一些些步兵的絕望苦悶日子堆積而成。」

接下來是某位行銷者的話（笑）——「我的人生，是由期望再多點廣告宣傳費及一些些設備投資費的絕望苦悶日子堆積而成。」

五年半前我任職環球影城起，公司資金短缺、舉步維艱。由於將所有經費投入哈利波特園區，因此幾乎沒有多餘資金可用於增加遊客。

經營資源時常不足。我任職環球影城起即是如此，即使由谷底重生後的現今也是一樣。當然可運用的額度有所增加，但因規模提升，必要支出自然也不斷增加。

在經營資源不足的前提下要達成目的時，就必須深思熟慮該如何才能有效運用有限的貴重經營資源。確實思考後才進行選擇——**因選擇而達成足夠**——這般選擇正是戰略。

什麼是經營資源（Resources）？

經營資源具體來說是什麼呢？經營資源主要包括六項。**「錢、人、物、資訊、時間、智慧財產」稱之為六大經營資源。**

「錢」相當簡單，就是資金。「人」是指人力資源。「物」指的是機械、設備等實體物力資源。「資訊」是行銷時掌握市場與消費者相關情報的重要來源。產品需耗費一定程度的「時間」才能實體化，因此也是重要經營資源。最後「智慧財產」時常簡稱為「智財」，代表性的智財為「品牌」。品牌能否作為經營資源善加運用為重要關鍵。

舉例來說，環球影城裡使用了相當多品牌，多數都是向其他企業購買授權。電影「哈利波特」這個品牌隸屬華納兄弟娛樂公司，環球影城與該公司簽定契約並支付合約金，才得以設立哈利波特園區。

此時，就華納兄弟娛樂公司的角度來看，哈利波特是帶來營收的重要經營資源。對環球影城來說，經由契約換得「哈利波特」這項智財，是為環球影城帶來收益的重要經營資源。近年來智財作為企業的重要經營資源，重要性與日俱增。

經營資源因人而增減

在此有項重要關鍵，即**經營資源的運用會因使用者認知與否產生顯著差異。**儘管公司內部有筆可運用的資金，但決策者未察覺時就等同於沒有。換個更簡單的例子，儘管你的部下擁有獨特過人長才，但只要你不知道，也就無法善用他的能力換取工作成果。

反向思考後可以得知，**經營資源會因察覺而增加**，可運用的經營資源多寡也會因人而異，因為每個人對於認知經營資源的智力有差異。昔日被稱為軍事天才的名將們，個個無不善於增加自己可運用的資源。除了巧妙利用天候情勢與地理條件，往往也會徹底收集敵人資訊情報用以反擊，使盡千方百計設法增加對自己有利的資源（此時指戰力）。

戰國名將武田信玄曾有段軼事。在武將受重用的戰國時代裡，「膽小鬼」最為受到輕蔑。當時膽小鬼一詞與沒用的人劃上等號，然而武田信玄卻認為「沒有一無是處的人。讓膽小鬼去當偵察部隊最適合，因為派出勇者去偵察時，他們只會太過輕敵，偵察工作還是膽小鬼最適合」。

使每個人的特徵成為強項、用於重要人力資源，這般思考方式也與現代的管理技術有著異曲同工之妙。

選擇與集中

一百人軍隊要與八十人軍隊作戰。每個人的戰鬥技能完全相同時，你覺得哪邊會獲勝呢？一般來說都認為一百人軍隊會獲勝吧？但結果並不一定如此。

如圖A所示，一百人軍隊以二十人為單位分為五小隊。八十人軍隊也分為五小隊應戰，每小隊十六人，結果會如何呢？十六人五小隊的戰況難以免於劣勢。假設每個人的戰力相當，二十人對上十六人時，五處戰局最後會是「五比〇」，一百人的軍隊明顯有高獲勝率。

不過，當八十人軍隊有位優秀軍師，面對分為五小隊的一百人軍隊時採取圖B的方式應戰，結果又會如何呢？八十人軍隊分為三小隊而非五小隊，第四、第五戰場完全放棄，第一～三戰場則分別以「三十人、二十五人、二十五人」的三小隊應戰。儘管第四、第五戰場完全戰敗，第一～三戰場則順利獲勝。就整體而言，八十人軍隊以「二比三」獲勝。

數量優勢並無法保證大局全勝。重要關鍵在於，如何在對大局有利的一場重要戰役上取得數量優勢，同時進行取捨。

不僅止於這個假設的戰爭。將一百人軍隊分為五小隊的方式，在現實商場上是司空見慣的模式。

請參考P113的圖C。一百的經營資源要全數分給五項行銷活動時，在每個戰局都資源不足，無法達到「勝利線」而全軍覆沒。這個論點也可應用於預算分配、人力配置。

勝利線（Sufficient line）是指未達一定程度就無法看見成效的最低基準。對行銷

資源（Resources）的選擇與集中

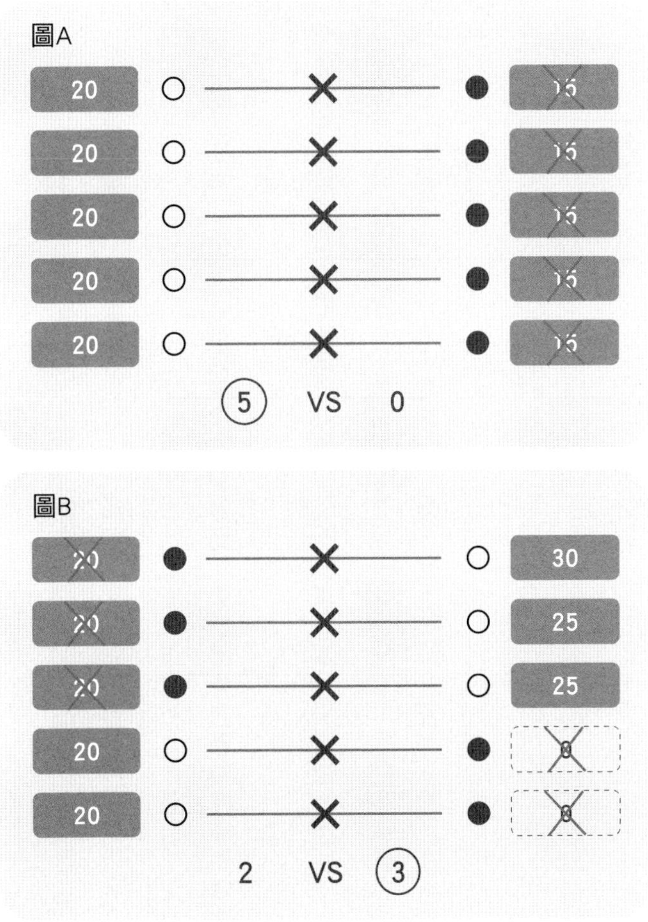

者來說，不投入各式活動會感到不安，每方面都插手、卻因資源有限而半途而廢，這也是常有的事。

作出選擇可使成功率上升。請參考圖D。選擇電視、網路與宣傳活動，放棄雜誌廣告與試用品，將經營資源集中於電視、網路與宣傳活動並得以達到勝利線。

時常面臨匱乏的經營資源，可經由選擇而補足。重點在於要選擇集中於哪方面，因為**選擇下一步行動的同時，也是在選擇要捨棄哪方面。這即是作為戰略核心思考方式的「選擇與集中」。**全數執行，也就是不選擇時，並不足以稱之為戰略。總之就先全面執行僅是無意義地分散經營資源，這是愚者才有的行為。

順道一提，在實際商業活動裡，勝利線時常未能清楚明確。當不曉得勝利線的落點時，更應該將經營資源集中於絕對不可輸的戰局裡。摸不著頭緒時，就應該進行更明確的選擇以追求集中。

這個「選擇與集中」的方式可適用於所有工作。各位讀者對於上司吩咐的工作，是否就先開始做了再說呢？面對上司拋來的十球，我會挑選最為重要的三球並仔細觀察，除此之外就不會出手。上司丟出的十項工作對於公司的影響絕對不盡相同，全數接下勉強達到六十分的及格邊緣，也無法獲得太大的正面評價。就好比前述一百人軍

資源（Resources）的選擇與集中

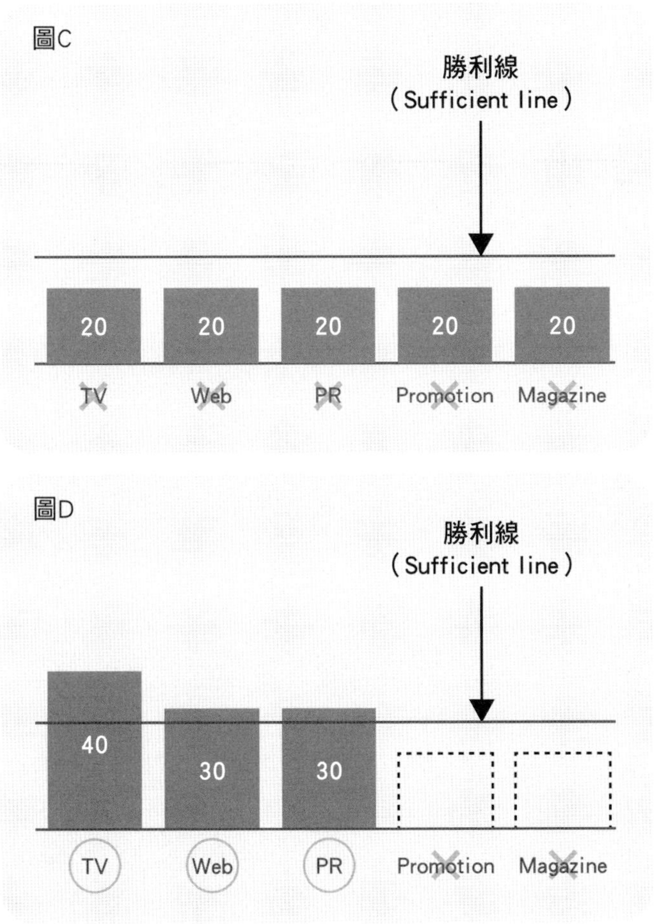

隊因「資源分散」而失敗。

此時的重要關鍵在於，以棒球比喻就是選球眼光，工作上則是戰略眼光。挑選對公司來說影響最為深遠的前三球左右。將資源集中在這三球上，以最重要那球獲得一百分、次重要的兩球獲得八十分為目標。

剩下的七球若悶不吭聲放著時，會破壞與上司間的關係，因此應盡可能提早告知不會對其他球出手（笑）。使上司同意不做、使上司同意延後期限，或是裝作進行中（笑）。通常以這三項方式應對即可！將耗費於其他七項不重要工作上的時間與勞力，集中於最重要的三項工作上而展現出色成果，即使未能完成所有工作也無妨。而且，在最重要的工作上擁有傑出表現，其實更有助於職涯發展。

我自出社會後就奉行這個方式，也在公司內部迅速升遷。對於從小就被要求勤勉的日本人來說，學校作業、報告等總有著「全部做」的習慣。這其實是與戰略完全背道而馳的教育。我過去也是不會把堆積如山的作業全寫完的小孩（這段還真不想給我的孩子看到！）

在此再度重申。**總之就全部先做的方式，僅是無意義分散資源的「零戰略愚者」**。無戰略時就不必奢望會有任何突出的成果。

哪項是最重要的經營資源？

在此提出一個問題。「錢、人、物、資訊、時間、智慧財產」這六大經營資源裡，你認為哪項對於企業經營來說最為重要呢？答案留待下頁揭曉，各位讀者不妨先思索看看。

解答：最重要的經營資源是「人」。

你知道理由嗎？因為**唯有人才能對這六項經營資源進行增減、妥善運用。**可能許多人會認為「沒有錢就無法僱用人才」。然而，當僱主優秀時，即使缺乏資金仍可能僱用優秀員工。我深信這反而比擁有大筆資金但僱主無能時，更能獲得正面結果。

不論是錢、物、時間、資訊、智慧財產，都只有「人」才能妥善運用。過去因經濟大恐慌而面臨經營危機的P&G經營者曾說過這句話：「假使失去辦公室、工廠、資金，但只要這些優秀的員工還在，十年後一切就能失而復得。」我認為這是對經營資源關鍵確實洞察後的發言。

儘管只更換一人，就足以對企業帶來巨大變化；一切條件均未改變，只加上一人時，也可能使結果天差地遠。人擁有的智力與行動力堪稱最強的經營資源。**「人」其實也是諸多企業最為缺乏的經營資源。**

數量不足自然是項問題，但也常有人數雖多但品質不足的情形。由於人是最強的經營資源，也可說是使企業停止成長的最大風險。這也是常聽見的「千軍易得，一將難求」。

就這個觀點來說，公司裡最重要的部門是哪呢？**毫無疑問是人資部。**ＣＥＯ首要聘請的重要員工，並非行銷也非財務，而是「人資長」。當人事領導人優秀時，不論行銷或財務都能延攬優秀員工。不僅藉由固定的畢業生招募活動（註11），也應建立有效運用公司內部人力資源的組織結構、評價制度、報酬制度等人事系統，藉此重整組織風氣，並著手開發可增加公司內部人力資源的有效訓練機制。

若無法做到如此，公司就會因人力資源不足而成長停滯。總之，**人力資源持續成長的公司才得以不斷進步。**這是人事部被賦予的重責大任。

什麼是戰略性思考？

進行戰略相關訓練時，我收到許多疑問。其中最常見的問題就是「目的與目標有何差異？」以及「戰略與戰術有何差異？」這兩項與戰略用語意義相關的問題。

註11：日本企業每年固定舉辦供應屆畢業生應徵的求職活動。

「目的」與「目標」的差異

就戰略用語而言兩者均相當重要，但在日語中時常混用。請各位讀者理解，在戰略用語中，這兩字的意義截然不同。**目的（Objective）為應達成的使命，是戰略思考中的最高階概念。目標（Target）則是為達成目的而投入經營資源的具體行動。**以下舉例說明。

「目的是占領巴黎，目標是法軍。」

法國人還請不要感到不舒服。換作是「目的是占領東京，目標是日軍」也無妨，在此只是直接引用歷史名言（註12）。

在這場作戰裡的最高階概念，「目的」為占領巴黎。因此，應將自家軍隊資源（戰力）集中投入的「目標」為法軍。換言之，賭上自家戰力擊破法軍時，就能占領巴黎。由此可知，目標可說是集中經營資源投入的對象。

在日本，目標一詞的意義時常近似於目的，日語中目標其實還有另一層意義。如「到達目標」一詞，此時目標意謂著英文中的Goal，而在英文中Target與Goal兩字有其各自用法。

順道一提，戰略用語中Goal時常用作為將目的以數值替換的達成指標。例如「目的是亞洲第一的娛樂公司，目標（Goal）為營業額四千億日圓」。Target與Goal的兩種意義，在日語中時常用法混淆、均使用「目標」。本書裡統一**使用「目標」一詞代表集中投入資源的目標（Target）。**

「戰略」與「戰術」的差異

「戰略（Strategy）」是為了達成目的進行資源分配選擇。「戰術（Tactic或Execution）」為執行戰略的具體計畫。戰術時常指戰略基礎概念。戰略思考絕對依循「目的→戰略→戰術」這樣向下分解而來；直接連接目的、高階概念的戰略，其實消費者往往難以看見。

不論是商場或戰爭裡，實際對戰均屬「戰術」階段。換言之，消費者眼前所見多為戰術。對行銷而言，在消費最前線獲勝為「戰術」的使命，當戰術薄弱時就難以實

註12：《戰爭論》作者卡爾・馮・克勞塞維茲所言。

Quiz 1

「我要想辦法**瘦身（A）**！因為沒時間運動，就設法**限制飲食攝取熱量（B）**。**每天晚餐都換成蔬菜汁（C）**吧！」

Quiz 2

「我**買了條豪華的蛋糕捲回來（A）**。**想要跟老婆和好（B）**，但難以啟齒，所以就**從她喜歡的甜點進攻（C）**」

Quiz 3

「我思考著**讓部下們生龍活虎工作（A）**的必要條件。**我們公司許多專案同時進行（B）**，**工作接踵而來讓人難以喘息、疲憊不已（C）**。就以**本部成員每年可連續休假兩週（D）**作為休假原則吧！這樣一來，**每年都可以遠行一次（E）**，想必就能**舒緩工作疲勞（F）**。」

現優秀戰略，所有一切終將是紙上談兵，自然也無法達成目的。因此，戰術無疑是致勝必要關鍵。

為了熟悉「目的→戰略→戰術」的差異，接下來進行三個猜謎。請判斷右頁範例裡的畫線處是目的、戰略或戰術。每句話的語感都莫名地很寫實，還請不要在意。

正確解答如下。應確認的是，所有問題裡最高階概念為「目的」；戰略與目的直接相連；由戰略而得的具體執行政策為戰術。

（1的解答　目的：A　戰略：B　戰術：C）
（2的解答　目的：B　戰略：C　戰術：A）
（3的解答　目的：A　戰略：F　戰術：D）

重要之處在於以**「目的→戰略→戰術」的順序思考。**如此一來才能提升效率。**起初即擁有明確目的是最重要的。**戰略是為達成目的而存在，目的有所改變時，所有戰略（當然包括戰術在內）都必須重新擬定。

同時，**戰略應較戰術更為明確。**戰略決定資源集中的大方針。為針對該戰略範圍外的無數戰術選擇，畫分了不必全數思考也無妨的領域。例如，想要跟老婆和好時，除了採取甜點攻勢外，亦有其他可行戰略。若戰略為「訴之以情」，戰術可以是「道歉」、「寫信」等；若戰略為「請第三者評理」，戰術可能為「與老婆的朋友商量」、「跟娘家告狀」等；當「甜點攻勢」的戰略明確時，就只要一心思考甜點即可（甜點以外的事物都不必思考），因此能盡早得出蛋糕捲的戰術。

戰略與戰術截然不同，討論時兩者應作出明顯區隔。依戰略而異，戰術可能變得一無是處。因此應先決定戰略，進而決定戰術。

戰略用語的基礎知識

目的：命題、最高階概念
目標：集中資源投入的具體事物
戰略：資源分配的選擇
戰術：為了實現的具體計畫

以蛋糕捲為例……

目的：跟老婆和好
目標：老婆
戰略：從甜點的弱點進攻
戰術：買豪華蛋糕捲回家

以兩週特休為例……

目的：讓部下們生龍活虎地工作
目標：本部成員
戰略：舒緩工作疲勞
戰術：每年可連續休假兩週一次

行銷時的戰略思考如下：

目的：OBJECTIVE

目標：ＷＨＯ（對象是誰？）
戰略：ＷＨＡＴ（銷售商品為何？）
戰術：ＨＯＷ（如何銷售？）

「目的與目標」、「戰略與戰術」的差異是否已經清楚了呢？**戰略性思考是以「目的↓戰略↓戰術」的順序，針對大方向進行思考。**絕非由具體、容易發想的戰術開始思考。只要目的與戰略未訂定，耗費於戰術上的時間可能是白忙一場。

戰略的降階

你曾被上司這麼說過嗎？「現在不要提關於執行的事」、「決定細節前先決定大方向」、「決定ＨＯＷ之前先想想ＷＨＡＴ」等。這些話全都代表相同意思──即「思考戰術前先決定戰略」。

然而被上司這麼一說時，許多人都因「究竟什麼是戰略性戰術？現在是在講哪個層級的事？該如何確認才好？」而苦惱。為了解決此問題，就必須了解「戰略的降階」。

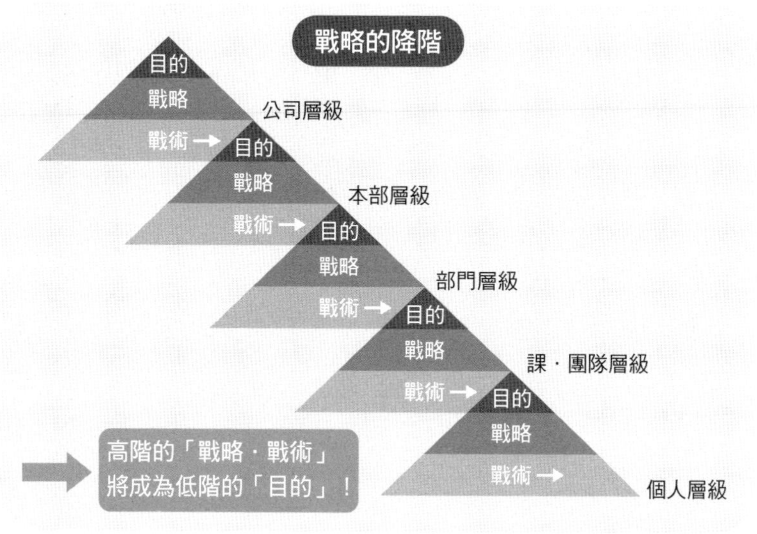

戰略由組織上層朝底層展開，稱為「戰略的降階」。公司層級的「目的↓戰略↓戰術」朝下方組織的「本部」展開時，公司層級的戰略與戰術將用以設定各本部之目的與戰略。以此類推，向下延伸至「部」、「課・團隊」、「個人」。以此建立所有個人業績目標的總和，與公司「目的↓戰略↓戰術」關係密切的體制。如此一來，得以訂定使大型組織由諸多個人合而為一的戰略，並作為行動依據。

要特別注意的是，**依當事者觀點而異，同一件事可能成為戰略也可能成為戰術**。對某人而言的戰略，可能對其他人來說卻是戰術——與上司無法溝通也是這個道理。此時的**解決辦法，就是確認彼此的共通目的。依與目的之距離而異，較近時歸為戰略層級、較遠時歸為戰術層級，彼此應相互確認。**

與自己相較下，上司偏向高層的戰略，對自己而言的戰略卻是上司的戰術，這類情況並不少見。因此，務必在一開始時就明白確認主題與目的後再依戰略→戰術的順序討論，如此可使得你的發言聽起來具「戰略性」而讓說服力大增。

戰略與戰術哪項重要？

接下來進入討論重點。戰略與戰術究竟哪項重要呢？閱讀至此的讀者們，想必都已經理解戰略與戰術均非常重要。戰略是為了達成目的而進行資源分配，但戰略薄弱時，就無法使資源朝正確方向集中。戰術是針對戰略決定的領域，使用經營資源的執行計畫。不論戰略打出多麼正確的方向，戰術薄弱時就絕對無法達成目的。

請參考左頁圖表進行思考。橫軸為戰略（Strategy）好壞、縱軸則為戰術（Execution）好壞，以此分為四個象限。第一象限為A（Good Strategy & Good Execution），第二象限為B（Good Strategy & Bad Execution），第三象限為C（Bad Strategy & Bad Execution），第四象限為D（Bad Strategy & Good

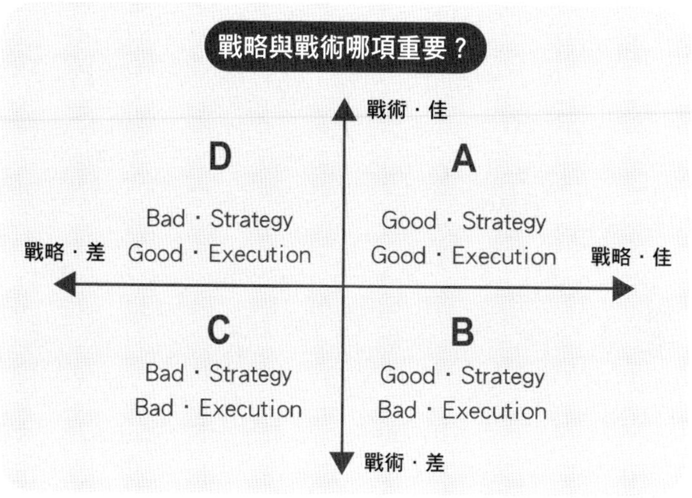

Execution）。請就對商業結果的好壞，將這四個象限依序排列。

你的排列結果如何呢？其實這個問題我曾多次在講座上提出，對於多數人的答案已是了然於心。「A→B→D→C」為多數人的回答，「A→D→B→C」則為次多，然而這兩項均非正確解答。正確解答是「A→B→C→D」。A為最佳、B為次佳、C為再次，D為最差。你知道為什麼嗎？讓我們設法憑感覺進行理解。

以從大阪環球影城前往位於千葉的東京迪士尼樂園為例進行說明。A的Good Strategy & Good Execution是怎麼回事呢？首先，戰略為Good，因此由環球影城前往東京迪士尼樂園是朝「正確方向」前進。戰術亦為Good，指具體手段強力。如飛機（迅速抵達）、新幹線（方便舒適）、巴士（便宜）等。在這個組合裡，可以確實完成抵達東京迪士尼樂園的任務，因此A毫無疑問為最佳方式。

B的Good Strategy & Bad Execution是怎麼回事呢？B的戰略優良，與A同樣朝正確方向前進。然而戰術薄弱。例如腳踏車（緩慢、辛苦）、步行（到得了嗎？）等。雖然接近目的，卻達成可能性低。但由於可縮短環球影城至東京迪士尼的距離，因此為次佳選擇。

接著來看C的Bad Strategy & Bad Execution。戰略與戰術均薄弱是怎麼回事呢？是指使用錯誤方式朝錯誤方向前進。戰略錯誤——例如誤把香港迪士尼樂園當作東京迪士尼樂園。因此朝東京迪士尼樂園所在之千葉縣的反方向前進。同時採取的戰術亦薄弱，如腳踏車、徒步等……朝錯誤方向縮短距離。不過，途中察覺錯誤時還有挽救機會，因此C為再次佳的選項。

最後是最差的D，Bad Strategy & Good Execution。錯誤戰略但強力戰術是怎麼一回事呢？是指毫不猶豫朝錯誤的方向前進。為了抵達香港迪士尼樂園而搭乘飛機，當察覺錯誤時已與目的相距甚遠，想挽救實屬不易。這也時常可能導致最糟的商

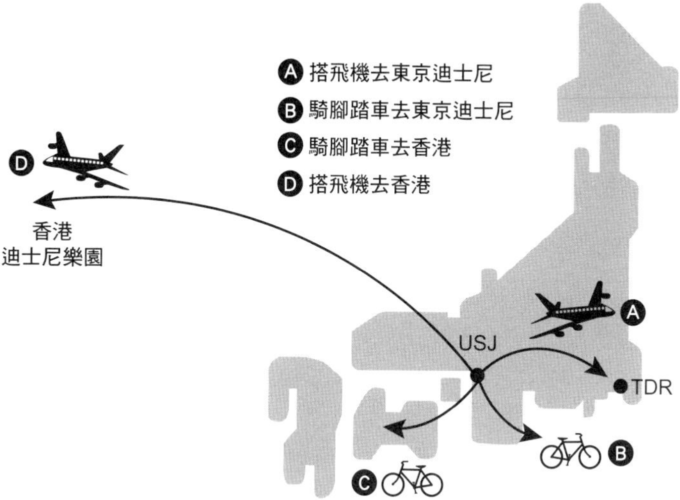

業結果。

由此可知，**戰略方向比起戰術更為重要。戰略的重大缺失無法由戰術彌補**，錯誤戰略而戰術優秀時，反而還可能使創傷更為嚴重。可能有人認為「不會啦，過去經驗裡就有很多戰略很差，但由強力戰術挽救的例子」。不過，可經由戰術彌補而達成目的之戰略，其實是沒特別好但也不會特別差的「ＯＫ戰略」。

對企業來說，在決定「如何戰鬥（戰術）」前，先正確決定「在哪裡戰鬥（戰略）」才是重要關鍵，這也是我不斷反覆強調的原因。然而，許多人多半耗費時間於較為具體、容易的戰術。不是先思考Execution與ＨＯＷ，而是關注於戰略上、選擇可集中經營資源的大方向才是正確作法。畢竟**「挾強力戰略朝正確方向前進，輔以強力戰術才能展翅高飛」**。

先擬定戰略、戰略方向較戰術更為重要。不過在此仍要強調戰術的重要性。

在我職涯的前半階段，曾歷經無法貫徹戰術而未能獲得成果的時期。我本身喜愛抽象思考與數學，對於擬定大方向戰略感到無比開心。在我踏入美髮商品業界開始販售洗髮精後不久，曾小看了商店販售等許多戰術相關課題。我並不是想要偷懶，但我將執行工作都交由業務企畫人員。也沒有感到戒慎恐懼般的緊張地步。結果，得來不易的優秀戰略卻未能得到最大化結果。

銷售額從何而來呢？思索這個問題時，就能知道制定與消費者接觸的戰術有多麼重要。消費者肉眼可及之處，如電視廣告、商品包裝、商店堆積如山的展示與價格，這些地方能否徹底融入Execution，**將大幅左右最終結果，也是消費者最前線之戰術的強處**。過去徒有豐富知識的我，曾由上司們那兒體會在「現場」學習及「貫徹戰術」的重要性，歷經數次慘痛親身教訓後，才真正理解個中滋味。

挾令人畏懼的執念試圖以戰術一決勝負，但在各種戰術局面要利用「強力戰術」

應付所有場面可說是困難重重。而且當身處統率大軍的地位時，可由自身直接掌控的事物微乎其微，間接透過部下執行的許多戰術無法確保強效。「對貫徹戰術的執念」需要異於常人的決心。因此，在環球影城擔任行銷長的現今，我仍時常抽空在樂園裡散步。這麼做是為了預先實際確認新娛樂設施、活動、電視廣告、宣傳、SNS等行銷戰術。為了達成目的、為了獲得成果、為了帶領夥伴們迎向勝利，戰術的重要性無庸置疑。

如何分辨戰略好壞？

優秀戰略好在哪裡呢？「為達成目的將經營資源集中的選擇」，這般優秀戰略有哪些特徵呢？若能理解個中緣由，便能輕而易舉地制定優秀戰略。自己制定的戰略好到哪個程度呢？在執行前應自行判斷。

以下介紹判斷戰略好壞的典型指標。為戰略（Strategy）的4S指標。具備以下四項條件時，為強力、優秀戰略的可能性相當高。

Selective（如何選擇）：應做與不做之事如何明確區分，若有明確選擇時，就能鎖定應做之事的範圍，不做之事自然也呼之欲出，因而得以集中投入貴重的經營資源。顯著提升戰局的致勝率。

Sufficient（是否充足）：經由戰略決定**投入經營資源的戰局，是否有十足的致勝把握？**其實Sufficient與Selective可說是宛如雙胞胎的關係。確立Selective後，才能在重要局面建立Sufficient。反之，當缺乏Sufficient時，就應該加強Selective，經由選擇補足經營資源。

Sustainable（能否持續）：確立的戰略是否**能不限於短期而是中長期地持續下去**。越是易於中長期持續的戰略，就是越能維持中長期競爭優勢的良好戰略。就Sustainable的觀點來說，問題點在於因競爭而流於相似的戰略，以及經營資源匱乏而難以持久的戰略。

Synchronized（自家公司特徵與整合性為何）：能否有效善用公司特徵（強項與弱

點，或經營資源的特徵）。活用自家技術強項的戰略可提升致勝率，僅依賴自家弱點的戰略會導致反效果。與競爭企業相較下，充分發揮自家公司強項、攻擊對方弱點的戰略為最佳選擇，擁有極高的致勝率。

關於以上的4S，實際上能信心滿滿說出「四項全OK！」的戰略並不常見。數點強項與些許不安共存的情況下，是否發動戰略為當事者的判斷。就我的經驗來說，真正優秀的戰略裡，這四項均不僅止於一般水準。約三項符合之外，還有特別突出的強項，因此得以揮出全壘打。在衡量戰略好壞時，請務必活用4S指標。不過並非這四項全數符合才能出航。

環球影城的「選品店」戰略

以下就環球影城的品牌戰略為例，來檢視四項指標。環球影城在五年前停止「僅止於電影主題樂園」的策略，改採「集結世界最棒娛樂設施的選品店」作為發展重點。近期除了電影方面關注哈利波特等大型投資外，也在積極增加動漫、遊戲等不同種類的娛樂品牌方面獲得成效。動漫如《航海王》、《進擊的巨人》、《新世紀福音戰士》等；遊戲如「魔物獵人」、「惡靈古堡」、「妖怪手錶」等。經由募集這些強力品牌增加來客數。

這個選品店戰略執行至今，與可吹走寒冬的大型活動緊密相關。即只在冬天淡季裡作為期間限定推出的「Universal Cool Japan」。從誕生於日本的漫畫、動漫、遊戲、時尚與音樂領域裡，挑選數個特別品牌行銷全球的大型活動。在一年裡最寒冷的一～二月，也是樂園業界口中的淡季，不論哪項遊樂設施都乏人問津。光是這段期間開門營業就入不敷出，而暫停營業的樂園也不在少數。雖說環球影城已從谷底重生，但由於冬天淡季的來客數偏低，因此我開始思索是否有如同萬聖節般大幅扭轉情勢的方法。

那時我試圖發掘在寒冷季節裡仍能使消費者行動的方法。由於天氣寒冷，目標並非帶著小孩、外出不便的家庭客，而聚焦於為了滑雪、滑雪板不惜前往雪山的年輕人們。加上此時期學生已結束考試，時間較為自由彈性，同時還有畢業旅行的高度需求，無疑是有力的目標。此外，此時期也因新年等長假而使訪日外國遊客增加。因此我們著手設計可同時吸引年輕人與國外遊客的活動。

「Universal Cool Japan」由二〇一五年起實施。二〇一五年集結《新世紀福音戰士》、「進擊的巨人」、「魔物獵人」、「惡靈古堡」，二〇一六年更新增「卡莉怪妞」，共五項日本引以為傲的品牌齊聚一堂。這五大品牌在日本國內的超高人氣自然不遑多讓，在海外也擁有高知名度與眾多狂熱粉絲。

結果，環球影城的冬季成為空前盛況！二月單月來客數成長四成，就此終結環球影城的淡季。實際上也如預期，受到學生與訪日外國遊客歡迎。對於這些品牌的忠心粉絲來說，自己最愛的品牌有著出色遊樂設施，就與哈利波特粉絲為了哈利波特園區而不惜千里迢迢前來環球影城朝聖一樣，有著極為強烈的動機。

讓我們回到五年半前。我之所以會想到「積極增加電影之外的其他主題」這般戰略，是基於每年擁有一千萬人以上的穩定來客數為目的，這個戰略無疑是符合Sufficient與Synchronized的強力戰略。

首先，經由需求預測調查，可得知那些出色品牌擁有「充足集客力」。就顧客滿意度的觀點，也足以製作讓粉絲喜極而泣的「優良品質」。我認為就「集客」與「顧客滿意度」來說，是相當Sufficient的戰略。

此外，與好萊塢電影的遊樂設施相較下，只需壓倒性低預算即可實現，也因此解決當時面臨資金短缺的公司困境。在日後分析更多品牌的集客力後進而選擇，以最佳效率進行商業活動的行銷能力，將成為環球影城的強項。此外，為了在短期內推出高品質的活動與娛樂設施，公司內部製作者們的傑出能力也一直是環球影城的固有優點。這些都是與環球影城公司內部文化與特長不謀而合的Synchronized。因此我認為此戰略可順利成功。

假設當時採取其他戰略，結果又會如何呢？例如「回歸專注於電影的原點」，這個戰略哪裡有問題呢？以下利用4S來檢驗。

這項戰略與資金不足的公司經營資源現況無法Synchronized，也就難以Sustainable，終將成為窒礙難行的致命戰略。要導入集客力十足的好萊塢電影娛樂設施需要龐大的版權、建設等費用。每五年設法導入一次不是不可能，但這般導入頻率並無法穩定提升來客數。以電影娛樂設施每年製造新聞……當時的環球影城並非能負擔這般高額費用的財務體質。以當時資金來說，每年能夠導入的電影相關娛樂設施，淨是些不起眼的電影，可說是毫無集客效果。

因此，「回歸原點戰略」就4S的觀點來說毫無強項，是不可能執行的戰略。不可能為了喜愛電影的少數粉絲而摧毀樂園，因此我毫不猶豫選擇了「集結世界最棒娛樂設施的選品店」。拜電影以外的諸多品牌帶來高額業績所賜，才得以建造耗費巨額資金、粉絲望眼欲穿的哈利波特園區。今後環球影城也將以電影為軸心，但不侷限於電影，而是貪婪地想網羅眾多娛樂品牌。在未來的某一天，將挾帶由日本而生的創意，打造更勝哈利波特園區的精彩作品，同時不限於環球影城而是行銷國外，以日本人的創造力感動全世界。

利用與對手間的差距才是優秀戰略

確立優秀戰略的重要關鍵在於，**確實獲得作為重要經營資源的「資訊」**。詳細分析市場、消費者、競爭對手等，關注在4S上擁有強項的經營資源。此時應盡量比較自家公司與主要競爭對手的特徵，設法利用兩者的差異思索戰略。

絕佳戰略是能將對手與自我特徵的差距，善加活用作為有利自身的特點。儘管對手是大軍，但大軍強勢的背後絕對有弱點（統率困難、速度緩慢、補給困難、容易掉以輕心），戰略就應該針對其弱點而確立。事物均是一體兩面，強力的背面絕對有弱點；同一個特質若換個角度，強項也可能成為弱點。只要設法以有利自我的方式（戰爭規則）形容即可。

雖然是過去的事了，口腔護理（牙膏、牙刷）市場的巨人「獅王（Lion）」，其天下就因「三詩達（Sunstar）」的勇敢挑戰而崩盤。三詩達因推出小刷頭牙刷（刷頭小所以能輕鬆清潔後排牙齒）而迅速攻陷市占率，然而巨人獅王卻無法立即跟上腳步。為什麼呢？因為獅王不僅是牙刷銷售第一，同時也是牙膏售量第一。

消費者習慣沿著刷頭擠出牙膏，但**小刷頭牙刷暢銷會使牙膏銷量下滑，因此獅王盡可能避免搭上小刷頭牙刷的熱潮。**三詩達看準巨人的兩難，認為獅王在決定反擊前還需要一段時間而急起直追。雖然這段軼聞不知真假，但若屬實無疑是讓人拍案叫絕的新穎戰略。

以更久遠的例子來說，過去號稱全球最強的俄羅斯波羅的海艦隊，曾於一九〇五年「日本海海戰中」遭東鄉平八郎所率領的日本艦隊擊敗。波羅的海艦隊三十八艘戰艦中二十艘以上遭擊沉，造成四千八百名士兵陣亡，艦隊司令羅傑斯特文斯基（Zinovy Rozhestvensky）海軍少將為首共六千人遭俘虜，生還而歸的主艦僅三艘，波羅的海艦隊徹底崩毀。反觀日本，主要損失僅遭擊沉的魚雷快艇三艘。

兩軍裝甲巡洋艦等級以上的戰鬥艦均為十二艘不分軒輊，但作為致勝關鍵、對戰

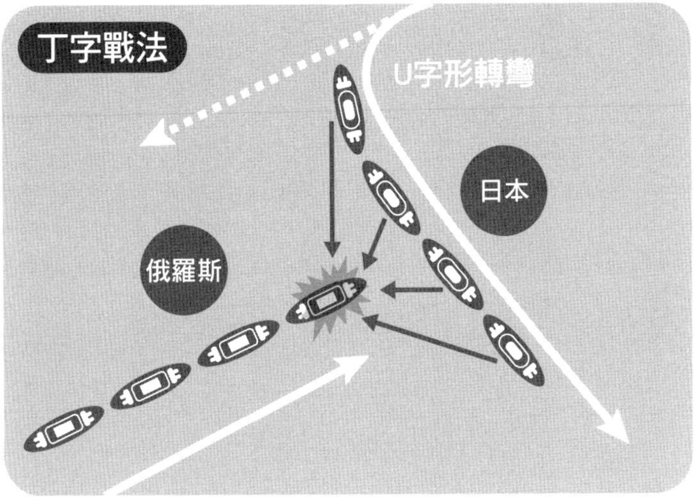

火力主軸的戰艦（搭載巨砲的大型戰艦）數量，日本四艘僅是俄羅斯八艘的一半。面對巨砲（九吋以上的火砲）數量壓倒性勝利的波羅的海艦隊，日本艦隊是如何出奇制勝的呢？

以下就來詳細解說戰術上的勝利關鍵。即是鼎鼎有名、**海戰史上前所未見的「U字形」敵前大回頭。**由於阻礙了對手的行進路線、形成對日本艦隊有利的陣形，因此被稱為「丁字戰法」（但究竟是否有形成丁字卻是眾說紛紜）。面對採縱隊隊形的敵軍，若是能採丁字形迎擊，就能以自家艦隊的最大火力擊中攻擊敵軍的頭艦。

戰艦火力追求最大化時，必須是自家

艦隊橫向面向敵軍的時候。基於艦隊火砲設置的物理條件，火砲想要朝前後發射時，無法同時全數使用。因此艦隊呈丁字形時，就能朝呈縱向而火力受限的對手使出最大火力、先馳得點。

然而，畢竟敵軍也是訓練有素的專業人士，面對這般對自己不利的陣形絕不會輕易上當。通常艦隊戰時，兩軍艦隊會分別排成一列，在行進交錯間側面相對時開火交戰。由海參威而來、入侵對馬海峽的波羅的海艦隊，面對來自北面的日本艦隊，本應採這般戰術應戰。但他們沒預料到的是，此時日本艦隊的先導艦「三笠號」卻突然開始調頭！

日本艦隊突如其來進行U字形轉彎。在敵軍面前大幅改變方向，其實可能讓敵軍有機可乘而遭受攻擊，因此伴隨一定程度的風險。三笠號進行大轉彎也需要數分鐘的時間。然而，日本艦隊勇於承擔風險，轉變為阻擋波羅的海艦隊行進的隊形，兩國艦隊呈現丁字形。

三笠號可能在轉瞬間遭擊沉、日本艦隊在調頭空檔可能遭受猛烈攻擊，不畏風險斷然決定在敵軍面前執行U字形戰法的東鄉司令官與秋山參謀，他們的勇氣令人讚許不已。

然而，我認為其實他們已詳加考量面臨的風險。在進行U字形轉彎時可能遭受砲擊，但由於敵軍無法掌握轉彎中的三笠號行進方向，因此波羅的海艦隊難以大規模擊中火力攻擊，我認為這點也在考量中。此外，「三笠號」為日本防禦力最佳的新式戰艦。與其讓防禦力薄弱的其他戰艦被擊沉，將敵軍砲擊集中於三笠號可能正是他們的打算。

戰術上以「使敵前大回頭成功」為主，戰略方面又如何呢？我認為日本艦隊的「戰略」正是促使敵前大回頭這項戰術成功的主因。為了戰勝火力壓倒性優勢的波羅的海艦隊，日軍無疑煞費苦心思索日本艦隊可善加運用的特徵。

看似毫無破綻的波羅的海艦隊當前，其實日軍有兩項優勢。

（1）速射砲數量優勢

長射程與威力強大的巨砲數量較少的日本，在短射程的速射砲數量上卻遠遠優於俄羅斯。儘管長距離無勝算，但只要善加利用速射砲的威力，短時間內也未必會落敗。

（2）機動力優勢

日本艦隊擁有出色機動力，在艦隊速度上較波羅的海艦隊高出數節（註13）。同時整備方面也利於日本艦隊。相較於可前往臨近軍港進行維護的日本艦隊，波羅的海艦隊已歷經半年以上的海戰，船身上附著藤壺等貝類，會增加對水的阻力而使艦隊速度下滑。從遙遠印度洋遠征而來的波羅的海艦隊，缺乏可進行良好整備的軍港也不足為奇。最後就士兵士氣與素質來說，相較於經長途跋涉而疲憊不堪的俄羅斯海軍，以整齊劃一行動為目標反覆進行操演、在近海待命的日本海軍無疑占有優勢。

絕佳戰略是利用與對手間的差距。東鄉司令官與秋山參謀，勢必在思考「速射砲數量優勢」的運用方法上不遺餘力。為了妥善利用速射砲、活用優於敵軍的機動力也是煞費苦心。因此能明確看見勝利的前景，最終得出敵前大回頭這般大膽戰術。活用速射砲、集中砲火於敵軍前鋒之丁字戰法的目標，是**以擊敗對手強項、善用自身強項的絕佳戰略為根本**。雖然被視為奇蹟般的勝利，但我認為這本來就是會帶來勝利的「戰略勝利」。

越是難纏的對手越是有其弱點。乍看之下雖然情況不利，但不利的背後自己擁有什麼？請依預測的狀況轉換立場仔細思考。當中是否有任何足以擊敗對方的「特徵」？要如何運用該特徵才可能致勝？自己是對方的話，發生什麼事會最為困擾？

戰略，其實永遠不會曉得答案。環球影城因出色戰略而由谷底重生，這是我時常收到的讚許。由於達成目的，戰略是無數正解當中之一。然而，那是否為最佳選擇就無從得知。我自身也時常思索是否有更佳戰略。

戰略性思考的正解不得而知，最佳解答也永遠是未知數。戰略性思考不會停止，因此隨時隨地都是自由狀態。正是這樣而有趣！憑藉戰略性思考引導公司獲得勝利，確實有可能使社會產生正面變化！

註13：航海的速率單位，相當於每小時航行的海里數。

第4章總結

學習「戰略」

1. 戰略（Strategy）是為達成目的而分配資源的「選擇」。

2. 具有非達成不可之目的、資源時常不足——這是戰略之所以必要的理由。

3. 代表性經營資源包括六項（錢、人、物、資訊、時間、智慧財產）。

4. 最重要的經營資源是「人」，唯有人才能善用六項經營資源。

5. 戰術（Tactic或Execution）」為執行戰略的具體計畫。

6. 戰略性思考是以「目的→戰略→戰術」的順序，針對大方向進行思考。

7. 當無法分辨戰略與戰術的階層（Layer）時，請再次確認「目的」。

8. 戰略方向比起戰術更為重要，因為戰略的重大缺失無法由戰術彌補。但戰術薄弱仍無法獲得成果，因此貫徹戰術重要無比。

9. 4S指標為判斷戰略好壞的典型指標，包括Selective（如何選擇）、Sufficient（是否充足）、Sustainable（能否持續）、Synchronized（自家公司特徵與整合性為何）。

10. 絕佳戰略是能善加活用對手與自我特徵的差距，作為有利自身的特點。

第 5 章

學習行銷架構

行銷架構的概觀

「行銷架構」的架構，是指思考時使用大腦的基本方式。**面對行銷課題時，只要遵循該方式進行思考，就易於得到「具整合性的戰略與戰術」。**

第四章已介紹接近目的之大方向思考順序（目的↓戰略↓戰術），其實這亦屬「戰略性思考的架構」。理解戰略性思考的架構後，第五章的內容也就能輕鬆掌握。為什麼呢？因為**行銷架構即是利用戰略性思考的架構統整行銷方法。**

本書裡介紹的行銷架構僅是數個行銷架構的其中之一。這是我個人時常使用的方式，同時我以任職P＆G時期學習的收穫為基礎，並且融合自身所學。

第四章已介紹四個重要的戰略用語。位於最高階概念的「目的（Objective）」、投入經營資源的「目標（Target）」、如何分配經營資源並選擇集中的「戰略（Strategy）」，以及具體訂定戰略如何執行的「戰術（Tactic或Execution）」。以行銷架構來說，這四項戰略用語可以作出如下的行銷解釋。

目的：ＯＢＪＥＣＴＩＶＥ（應達成之目的為何？）
目標：ＷＨＯ（銷售對象是誰？）
戰略：ＷＨＡＴ（販售商品為何？）
戰術：ＨＯＷ（如何銷售？）

務必由目的開始依序思考。以**目的（ＯＢＪＥＣＴＩＶＥ）↓目標（ＷＨＯ）↓戰略（ＷＨＡＴ）↓戰術（ＨＯＷ）的順序。**

在此之前，行銷者還有項必要工作——即對於自家品牌的「戰況分析」，這是重要無比的步驟。後續會詳細解說，精準戰況分析帶來的相關商業資訊，包括市場理解、消費者理解、競爭對手理解、經營資源理解等，均是決定性關鍵。以從戰況分析獲得的資訊為基礎，進行適當目的的設定、決定ＷＨＯ（誰）、對ＷＨＯ的ＷＨＡＴ（訴求哪部分的品牌價值），以及ＨＯＷ（如何將ＷＨＡＴ傳達給ＷＨＯ）。將ＯＢＪＥＣＴＩＶＥ、ＷＨＯ、ＷＨＡＴ、ＨＯＷ分別經由戰況分析獲得高品質資訊為必要步驟。這即是行銷架構的概觀。

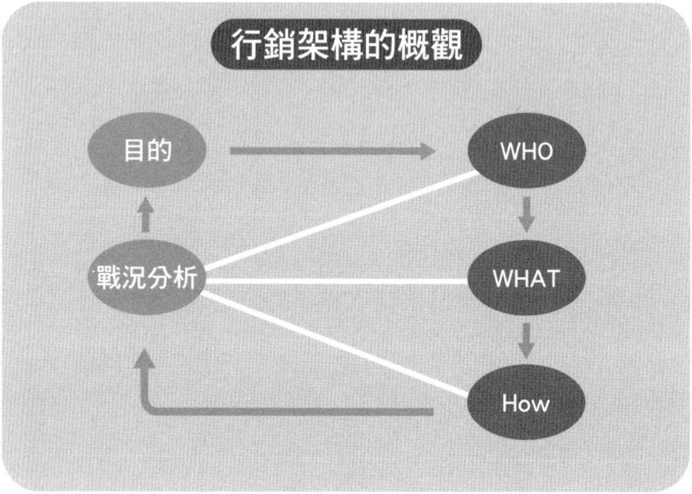

1. 戰況分析（Assessing The Landscape）

理解市場構造之重要性的理由

高品質資訊是擬定高精準度的戰略時不可或缺的重要關鍵。品質比起數量更為重要，資訊的價值即可視為其品質。像我這般數學型的行銷者特別重視戰況分析，優秀行銷者擬定的行銷戰略是否平凡告終的分歧點，我深信就在於戰況分析的方式。

以5C分析等作為具體戰況分析的切入點會在之後詳細介紹，在此想讓各位讀者理解我的個人信念。即針對掌控大局的「究竟為什麼要確實做好戰況分析？」

戰況分析是指確實理解「市場構造」以化作自身戰力。不限於商業活動，與人類生活相關的所有活動都能以「構造性結構」統整。許多人形成社會，無數細微的利益衝突蓄積動力，進而形成整體構造。簡單來說，「構造」就是「整體之中每個人的各種作法」。

以我過去販售的洗髮精等美髮產品市場為例，製造商的各種情況、流通（批發與零售等）的各種情況、無數消費者的各種情況，這些全部綜合下的力學衝撞，最後產生一定方式。這即是現今美髮產品市場的「市場構造」。

將市場構造視為一個機械時，確實理解其構造為重要關鍵。當中的利害關係如何相連、某項事物以什麼原因而決定、哪項原因是某項事物的動力……未能確實理解構造，就無法獲得有效的機械操縱方法，自然也無法使自家品牌得勝。無視眼前的市場構造而一意孤行推行戰略，想要成功可說是難如登天。

水往低處流，這是千古不變的自然哲理。水由低處往高處流並非絕不可能，但需要大量能量。同理可證，要**與市場結構背道而馳並非毫無機會，但需要龐大經營資源。**創新戰略、戰術在執行上困難重重即是典型範例。因為那些戰略在不知不覺中違背了市場構造的自然哲理。

這是由於最初在交付命運的戰略選擇上失敗的緣故。大多數不擅長擬定戰略者，均是由於未能充分理解市場構造的自然哲理，或是太小看的關係。

確實進行戰況分析是為了避開與市場構造反向、終將導致失敗的「地雷」，同時也為了得以思索出能將市場構造化作自我戰力的戰略。與其使水流逆向，思考善加利用水流的方式也是方法之一。

過去許多軍事天才，在戰爭開始前就針對預想戰場實地勘查、以自己的雙眼確認，設法善加利用戰場地形與氣候條件等。他們知道對戰時背對陽光有利；他們理解在山上由高處攻擊，善用位置能量可擊破敵軍。在狹隘地形裡，雖說是大軍卻也難以利用縱深陣形，無法有效利用大量戰力。不是違背自然哲理消耗貴重戰力，而是抱持必死的決心找出對自家軍隊有利的地形。為什麼呢？是為了增加戰力並取勝。就如同字面上所說的「必死」。

相較之下，我們面對工作時發揮了多大的必死決心呢？對於勝利我們抱持多麼認真的執著呢？許多人抱持「必死」決心時，認真進行戰況分析的行銷者自然也是越多越好。然而就現況來說，過於小看市場構造解讀資訊而吝於投資的人仍占多數，這也可能是我的偏見。

抱持天真想法奔向戰場而若無其事踩到地雷者，無法領導公司與同伴邁向勝利。踩到地雷的不是只有自己，那個瞬間自己所帶領的眾多夥伴，及所有努力與未來希望都一同灰飛煙滅。當在實戰裡切身感受那股傷痛時，我想就會更為理解對戰場抱持必死決心的必要性。

5C分析

以下介紹用作一般戰況分析的觀點「5C分析」。想要理解與自家企業相關的商業環境時，由這五項領域著眼較為簡明易懂。

5C是指**Company（對自家企業的理解）**、**Consumer（對消費者的理解）**、**Customer（對流通等中間顧客的理解）**、**Competitor（對競爭對手的理解）**、**Community（對與商業相關的區域社會的理解）**。分別取其字首，因此稱為5C分析。每一項該如何進行分析的詳細內容難以完整說明，本書將針對檢視意義及觀點簡潔介紹。以數字進行檢核的具體方法將在我的下本著作《機率思考的戰略論》（暫譯；確率思考の戰略論）裡詳細解說，有興趣的讀者可一併參考。

Company（對自家企業的理解）：知己是第一步。以下三項理解為必要關鍵。

首先，是**理解自家企業的整體戰略**。理解公司整體與組織戰略，是使後續工作不會徒勞無功的關鍵。戰略違反公司方針時，就如同想要逆水而上般，極為缺乏效率。應將思考重點放在符合公司大方向的戰略事物（公司追求的事物）上。

接著，**要盡可能掌握公司可運用的經營資源**。掌握擁有哪些能力之「人」能投入多少程度、理解可投資之預算與過程及執行模式、調查可使用的設備、機械、專利、品牌等智財，掌握公司擁有的資料等情報資源之種類與品質，想要掌握經營資源其實需要耗費不少時間。

最後是**掌握自家企業在能力與個性上的特徵（優點．缺點）**。過去曾有過哪些行為、可以從中發現什麼特徵，自家企業的優缺點因而浮上檯面。

像這般進行Company分析，可使組織確立整體意識，擁有哪些經營資源、擅長與不擅長之處都一目瞭然。

Consumer（對消費者的理解）：這是可稱為行銷者精髓的課題。行銷始於消費者理解，亦終於消費者理解。在消費者理解上，**消費者量性理解（使用數據而有助於廣泛**

理解整體），及消費者質性理解（經由質性調查等探究消費者深層心理）兩者同等重要。

量性理解包括理解消費者的人口統計學（年齡、性別、收入等人口統計學資料）、對象商品的世代浸透率（各世代的使用比例）、認知率與購買頻率的購買行動，以及消費者對主要品牌的認識（品牌資產調查）為主。

將行銷者依表現優秀、普通、不佳，以「上・中・下」強制進行分類。以我的經驗來說，中與下的差別在於「能否在自家品牌與種類的脈絡中確實理解消費者心理」。上與中的差別則是「能否超越商業脈絡，概括性理解作為人的消費者心理」。

優秀行銷者不僅致力於針對特定商品理解消費者需求，同時也對於根深蒂固的價值觀與煩惱、日常對哪些事物抱持關心、其他脈絡上有什麼樣的消費行動、為何會有那些行動等，努力理解個人綜合的質性。就好比不只為病患治療傷處，而是綜觀人體整體的醫生。

因此對消費者的質性理解相當重要。透過適當的質性理解，可獲得消費者購買該商品的根源理由。這類綜合性的深度消費者理解，可說是行銷者的強力武器。稱之為**「消費者洞見（Consumer Insight）」**。這是消費者自身未察覺（或是不願面對）

的隱藏事實。行銷者若能對準此處，絕對可打動消費者的心。

Customer（對流通等中間顧客的理解）：為了流通（交易），Customer存在於自家公司與消費者間。**可說是共同合作創造市場價值的夥伴，但同時也是爭奪市場價值的競爭對手。**因此，能否確實理解亦敵亦友的中間業者，在「掌握店家」的行銷戰上重要無比。

要建立此理解的著眼點在於，Company（對自家企業的理解）占有同等重要性。理解中間顧客的戰略（方針與關注點），及其優缺點特別重要。不過，也要知道中間顧客與自家企業的想法中會略有差異。許多中間顧客的思考方式都與自家企業不同，甚至缺乏明確戰略也不無可能。理解每間公司固然重要，但聚合而成的業界傾向及不成文規定也應特別留意。

Competitor（對競爭對手的理解）：對競爭對手的理解，並不僅止於對該公司進行研究。**廣義層面的競爭對手也應包括在內。**

以具體例子來說。對環球影城而言，狹義競爭對手為「鄰近樂園」、「東京迪士尼樂園」等，包括遠方的同業者。對於可作為環球影城替代品的其他公司，確實有深入理解的必要。然而，這麼做並不完整。廣義上環球影城仍有其他競爭對手。

你知道是哪些嗎？就是主題樂園、遊樂園以外的休閒場所，爭奪「消除壓力」這個消費者需求的其他競爭對手。水族館、電影院、ＫＴＶ、保齡球館、購物中心等自然不在話下，釣魚和健行等戶外活動、鄰近公園裡的免費設施等，都可說是廣義上的競爭對手。

舉例來說，讓我感到威脅感更勝東京迪士尼樂園的競爭對手之一為「智慧型手機」。在主題樂園帶有「向非日常生活的逃避現實」、「爭奪時間」、「爭奪可支配的所得」等層面上，智慧型手機可說是在相同土俵（註14）內不容小覷的對手。但智慧型手機同時也是向消費者傳遞訊息的重要媒介，這點有深入思索的必要。

像這般正確理解「自家品牌能提供的消費者價值為何？」應關注的競爭對手自然也會呼之欲出。

註14：日本相撲比賽時的擂台。

Community（對與商業相關的區域社會的理解）：社會中存有各式各樣的商業外部要因，稱之為Community。代表性例子如法律等規範、社會輿論、稅率、景氣、外幣匯率等。這些因素對商業活動造成決定性影響的情況並不少見。法律對自家企業有利或不利的相關事例也時有所聞。

例如美國通過決議的廢氣排放法案對汽車產業造成巨大衝擊。垂涎利益而靜待日本國會通過包含賭場在內之綜合度假區（Integrated Resort）法案的公司不勝枚舉。稅率的變化，如消費稅率增加影響所有消費、酒稅（啤酒與發泡酒以外的第三啤酒稅率變更等），對這般特定類別也可能產生顯著影響。

此外，因媒體而增加的社會輿論也可能為消費者對自家品牌的購買行動帶來明顯變化。

景氣波動除了牽動整個業界外，對主題樂園這般休閒娛樂產業更是影響甚鉅。外幣匯率變動除了事關進出口外，也是訪日外國遊客增減的決定性因素。

諸如此類的諸多外在因素無法由企業本身掌控。因此預先確認會對自家企業造成巨大影響之Community要素的驅動力，並靜觀其變為重要關鍵。推測其波動幅度，設想「吉出現時該有哪些行動」、「凶出現時如何因應」，並準備好自家企業可掌控的對策。

2. 目的設定（OBJECTIVE）

進行自家企業的戰況分析時，目的設定為首要工作。後續的目標、戰略、戰術均會因目的而截然不同。適當目的之重要性不論多麼強調都不足為過。如何適切地設定目的呢？我重視以下三點。

（1）實現可能性（瞄準勉強可達的高度）

適當目的應滿足「不過高不過低」這項相對條件。用盡辦法也難以達成之目的不應作為戰略，也無法提升員工幹勁。「不過高」指的是在勉強可達成的射程距離內。換言之，是在覺得設法有可能達成的範圍內。「不過低」指的是目的不過於簡單，避免任何人未付出努力即可完成、因此錯過重大機會。目的不宜過遠也不宜過近，讓人感到「雖然不是不可能，但是有難度」為重要關鍵。

（2）簡單

包含多項要素在內之目的設定無法發揮功效。未能排定多元目的之優先順位時，不利於建立長期認知而記憶，也會使得戰略與戰術複雜讓人不知如何是好。使人得以理解、記憶、迅速想起才是重要關鍵，目的設定時應特別留意。

面對環球影城的各方面，我均使用一項簡單目的設定。建造家庭專區「環球奇境」是以「吸引家庭客層」為目的，打造「哈利波特園區」是為了「擺脫依賴關西地區的來客體質」，綜合這些複合戰略之最終目的為「超越開幕首年最高來客數（一千一百萬人）」。邊思考該戰略達成時會帶來哪些影響，在設定目的時盡可能留心「簡單」。

（3）是否具有魅力

工作上相關員工每個人都是專家，對公司的重要性自然不在話下，對於多數目的也不吝於付出努力。然而，更為強力的是設定令每個人都奮發圖強的魅力目的。不僅限於大腦中的想法，設定讓人由衷期盼達成之目的時，就能讓人更加興致勃勃。

直到數年前為止，環球影城的每位員工都是縮衣節食，以極低預算執行企畫。當宣布「如此困苦是為了打造哈利波特園區！」這般明確目的時，員工們目光為之一亮的畫面，至今我仍是記憶猶新。

讓人喜愛的魅力目的設定，會使人力資源激增。這也是戰略與戰術層面得以長期抗戰的一大助力。

進行目的設定時留意上述三點固然是好事，然而實際上不論是公司整體目的設定、自己所屬組織之目的設定，或是自己本身目的設定，許多人都是「無法自己全權決定！」目的時常由上意而來，棲身於企業這個組織時即不難體會。戰略降階使得基層組織無法拒絕來自高階組織之目的與任務，自己可決定的目的範圍狹小，甚至幾乎沒有，這是許多人共通的感想。

不過，在戰略方面領導性強者，對於影響自身業務之目的設定上，儘管沒有決定權，但面對空降目的時，也會設法提出更為明確的再設定提案或調整。若是有助於高階組織改善目的設定，自然也會被採納。同時這般戰略方面領導性強者，日後也會進入高階組織裡。

使自己不遠離目的設定——從年輕時開始，就抱持這般心態反覆練習為重要關鍵。不是由他人給予，若無法憑藉自身思考提案目的，就難以以自身為起點帶動整個組織。盡可能投入目的設定之態度相當重要。

3. WHO（銷售對象是誰？）

（1）選擇消費者的理由

確立明確目的後，接著就要決定滿足該目的之行銷目標對象的WHO。以下就來深入探討行銷上WHO的思考方式。首先引用美國著名喜劇演員比爾·寇司比（Bill Cosby）的名言。

「我不曉得成功的關鍵，但我知道失敗的關鍵，就是讓所有人都開心。」

這句話道出了WHO的真諦：就是必須選擇目標消費者。WHO是指作為投入有限經營資源之目標的消費者。**若是將有限經營資源對所有人投入時，每個人可分得的經營資源就相對稀少。**

總行銷預算除以總目標數，即是每個人的行銷預算。若足以建立認知並引起購買欲望倒還無妨，但多數情況下稀少預算往往不及「勝利線」，有很大的可能會全軍覆沒。因此比爾·寇司比才會說「不選擇目標而想讓所有人都開心為失敗關鍵」。行銷者為了使作為目標的每個人之行銷預算充足（Sufficient），就必須選擇目標（Selective）。這個目標選擇即是WHO。

此外，選擇目標還有兩項理由。其一是所有**消費者中「購買率」及「購買欲」的差異甚大。**

日本個人銀行裡，不到百分之十的存款屬於百分之九十以上的顧客；美國租車市場裡百分之〇·五的顧客貢獻了百分之二十五的營業額；英國碳酸飲料市場百分之六十業績來自於百分之六的消費者。購買率與購買欲並非平等均分，而是集中於某一部分。因此選擇目標集中經營資源才是高效率的作法。

另一項理由是，要**滿足的消費者需求有所偏頗**。想要製造滿足所有消費者的商品談何容易。針對一萬人製造的商品，不一定是每個人心中的最佳商品；反而有更高可能性成為每個人心中不上不下的商品。消費者需求亦有所偏頗。必須選擇要滿足哪方面的消費者需求。比爾·寇司比就個人長年經驗得知，要讓所有人開心會導致失敗，亦是相同理由。每個人的笑點不盡相同，想讓所有人都開懷大笑，最終可能只會讓每個人都感到要笑不笑。

（2）「戰略目標」與「核心目標」

我個人使用的WHO設定方法是，要明確區分戰略目標（Strategic Target）與核心目標（Core Target）。首先由所有消費者中選擇戰略目標，再選擇核心目標。核心目標絕對涵蓋於戰略目標當中。

戰略目標：品牌針對行銷預算投入的最大集合。換言之，戰略目標外的其他消費者全數捨棄。其他消費者要自行購買品牌商品當然是極為歡迎，但公司不會在他們身上花費任何行銷

戰略目標與核心目標

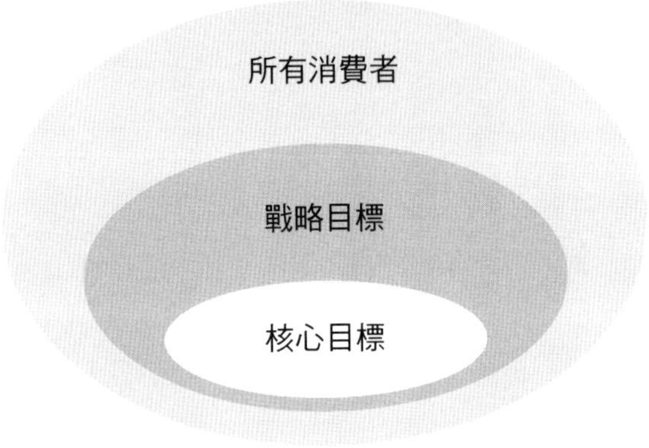

預算。戰略目標與品牌的媒體目標通常有所重疊，例如花費在電視廣告等主要行銷的範圍幾乎相同。

戰略目標是經由媒體集中建構品牌資產，因此不應短期內時常變更，而是就中長期的觀點進行定義。其中最應注意的是，**此戰略目標的範疇與目的達成相對照下不宜過小。**當戰略目標的範圍過小時，商業活動會流於低效率，這般案例並不少見。

舉例來說，像主題樂園這般不分男女老幼的大眾商業，過去環球影城的戰略目標為「喜愛好萊塢電影的消費者」就過於狹隘。以關西的位置條件想要達成每年一千萬人來客數的目標，就應以本區八成的消費者為目標。

核心目標：在戰略目標裡，集中投入行銷預算的目標消費者範圍，稱為核心目標。消費者的購買率與購買力有明顯偏頗時，就應該將有高度購買品牌商品可能的消費者群視為核心目標。相較於針對戰略目標而施行電視廣告等大眾行銷外，還應針對核心目標進行行銷規劃。舉凡提供試用品、廣告郵件、特典宣傳，核心目標為大方使用行銷預算的族群。

核心目標可依目的而異設定多組不同群組，或是不同於戰略目標、可進行短期變更。**應特別留意之處在於，核心目標與達成目的相對照時不宜過小。**詳細難以一言以蔽之，但像主題樂園這類大眾商業來說，戰略目標多為整體的八成、核心目標多為整體一～三成。

此外，核心目標的內外側若無明確差異時，就無法有效運用經營資源。可能因而淪為空談。

（3）找出核心目標的方法

為了有助於實戰，以下再稍加詳細解說。該如何找出核心目標呢？就經驗來說，**可使用以下六個模式**。

要使既有品牌有所成長時，發掘有效核心目標的六個切入點：

①滲透（Penetration）：在同類商品中是否有可增加自家品牌滲透率的族群呢？

在所有世代裡使用自家品牌商品的世代比例為世代滲透率。為了增加自家品牌商品的世代滲透率，若能發現「空白地帶」就有極高可能性成為有力的核心目標。例如，環球影城打造家庭專區「環球奇境」，就是因為我們判定「有年幼孩童的家庭」這個大族群，對環球影城來說是可提升滲透率、遼闊的空白地帶。

②忠誠（Royalty）：在既有使用者中是否有可提升「需求占有率（SOR，Share of Requirements）」的族群？SOR是指一年該類別商品的總消費量中，自家商品消費量的比例。若能發掘可大幅提升SOR的消費者族群，也可能成為良好的核心目標。哩程卡與點數卡就是典型例子；或是使消費者一次購買大包裝商品長期使用，藉此縮減移情別戀其他品牌的機會。這是阻擋競爭對手品牌，促使消費者連續購買的方式。

③消耗（Consumption）：在既存使用者中，是否有可增加單次「消費量」的族群？單次消費量增加時，自家品牌商品的營業額也能隨之提升。若能發掘這類族群，將成為幫助業績提升的有力核心族群。「味之素」將調味料容器上的孔洞增加，營業額因此大幅攀升即是著名例子。以主題樂園來說，就相當於讓原本打算當天來回的遊客留宿。

④系統（System）：在使用者中，是否有能增加使用商品種類（最小存貨單位SKU，Stock Keeping Unit）的族群？消費者使用同品牌的多種產品稱之為系統。這對販售多品項的品牌（化妝品等）來說是相當有力的手段。簡單來說，是否能讓只使用洗髮精的消費者也使用潤髮乳、護髮乳等。

⑤購買周期（Purchase Cycle）：在既存使用者中，是否有充足理由而提升購買頻率（縮短購買周期）的族群？例如，客人平均五週來理髮一次的理髮店，將頻率縮短為四週一次時，不用額外增加來客數即可使全年業績提升二成。若能發掘這類族群也能成為有力的核心目標。

⑥轉換品牌（Brand Switch）：能否在競爭品牌裡發掘有相當高可能性轉換品牌的族群？如同字面上所述，是要搶奪競爭對手品牌使用者的核心目標。當發掘足以轉換品牌的族群時就果決發動攻勢，這也是核心目標的設定方法。不過，將這點作為第六點其實有其理由。就經驗來說，通常需要耗費能量（經營資源）也難度較高。因此

已發掘前述五項有力核心族群時，就無冒險選擇這點的必要。

請詳加思索以上六點，一定可以從中找到有力的核心目標。若是無法找到，就表示在消費者理解上仍有所不足。**解決對策的切入點，幾乎都藏身於消費者理解當中。**請切記，行銷的真諦就在於消費者理解。比起ＷＨＡＴ與ＨＯＷ，ＷＨＯ更為重要。

（4）消費者洞見

當明確訂立核心目標後，就要深入探尋其深層心理，設法發現「消費者洞見」。**消費者洞見是指「消費者隱瞞的真實」**，當溝通上訴諸消費者洞見時，可大幅改變消費者認知、打動內心。

訴諸消費者洞見是指讓消費者清楚理解自家品牌利益（Benefit）、產生購買欲望。可大幅改變消費者認知的消費者洞見稱為「Mind Opening Insight」，可打動消費者內心的消費者洞見稱為「Heart Opening Insight」。二者皆是發揮品牌利益、達成驚人業績的跳板。

消費者洞見並不等同於消費者需求。洞見為隱藏的真實，被他人一語道破後能

「對啊」若無其事承認的反應並非洞見。試圖以「哪有，不是那樣！」否認、不願面對而逃避思考，這才是消費者洞見。強烈的消費者洞見，是使消費者的理性「大為吃驚」，或是「深掘」情感深處。

Mind Opening Insight舉例來說，便是使理性「大為吃驚」。以下以過去P＆G同事的出色工作為例，是關於洗衣精「ARIEL」的經驗。那時新商品「具除菌功效的ARIEL」推出，但買氣低迷。當時消費者對於衣服上有細菌的認知幾近於零，因此有除菌功效的洗衣精無法打動消費者。

那時該位同事訴諸Mind Opening Insight，即「晾在室內的衣服產生異味是由於細菌的緣故」。藉此讓消費者驚覺「啊！原來如此！是因為衣服上有細菌！」並發現除菌的益處，之後具除菌功效的ARIEL業績大幅成長。

再來說個Heart Opening Insight的例子。這裡指的是深掘情感深處。我任職環球影城後首份工作，是二〇一〇年的聖誕節活動。在此之前，環球影城每逢聖誕節的電視廣告採「白天、晚上都玩得不亦樂乎」這般理所當然的正面攻勢。但為了直擊消費者洞見，我做出大幅改變。

此時重點在於深入父母親內心苦悶的深層心理，以漂亮文字傳達「與孩子共度歡樂聖誕節的次數所剩無幾」。

簡單來說，即是「年幼的可愛女兒很快就會長大了，不會想再跟妳一起過聖誕節，過不了多久，她就不會在聖誕夜回家，而是跟男朋友一起在飯店度過。畢竟，媽媽妳自己以前也是一樣的吧？」

若是講得這麼露骨勢必會受到輿論抨擊，因此，我們改將這個洞見切換為悲傷的父親角度。

「在妳長大，解開聖誕節的魔法前，還能一起過幾次聖誕節呢……」

電視廣告裡找來展露大人表情的少女，與父親兩人一起在環球影城歡度聖誕節。為了喚起「女兒長大成人」的父親恐慌，因此以女兒挽著爸爸、以四十五度斜角微笑「令爸爸神魂顛倒」等，徹底展現「天真無邪女兒的臉龐」。促使觀眾看完廣告心頭為之一震，讓父母回想起過去年輕時的自己，對比自己的孩子也在轉眼間長大成人，對父母來說無疑是感傷的洞見。

因此讓人感到「今年聖誕節只有珍貴的一次！」拜此洞見所賜，使人產生在環球影城度過特別之聖誕節的感情欲望……二〇一〇年就以這部電視廣告及網路行銷活動作為聖誕節活動的宣傳主軸。樂園裡聖誕節的內容，即產品（製品）則與前年完全相同，改變的只有訴諸消費者洞見的部分。

光是這麼做，在聖誕節季的集客效果就較前年倍增。只要確實理解WHO並發掘強烈洞見且善加活用，就足以使業績倍增。因這般聖誕節行銷方式而加深自信的我們，在翌年二〇一一年開園十週年紀念時，將樂園內的聖誕樹更新為「世界第一光之聖誕樹」。作為最多燈飾的人工聖誕樹而獲得金氏世界紀錄認證，也引發熱烈討論。二〇一五年登場的最新聖誕樹，更將燈飾增加至五十三萬顆，讓遊客嘖嘖稱奇。

4. WHAT（販售商品為何？）

行銷架構中WHAT的使命，是選擇自家品牌的消費者價值，明確選擇、定義作為品牌存在理由的消費者價值。消費者選擇該品牌的必然性、購買該品牌商品的根本理由，這些都是WHAT（販售商品為何？）的戰略性選擇。

消費者購買品牌商品的根源價值

以下引用已故哈佛商學院教授西奧多・萊維特（Theodore Levitt）的格言（主

張「顧客資訊是企業最重要資產」，為促使現今顧客資訊資料庫化的行銷界巨擘）。

「人們想要的不是四分之一吋的電鑽，而是四分之一吋的洞。」

消費者真正想要的並非電鑽這項工具，而是使用電鑽獲得的「洞」，這是奧多．萊維特的敏銳觀察。這句名言是促使人思考「我們究竟在販售什麼？」（消費者的根源價值）的強烈建議。

這完全可應用於環球影城。我任職環球影城後，即開始思考要大幅強化環球影城的電視廣告，因為我察覺過去環球影城的電視廣告裡，缺乏消費者購買環球影城門票的根源性價值。

消費者渴望的並非遊樂設施，體驗遊樂設施時連帶產生的「情感」，才是消費者追求的事物。重點不在於遊樂設施，而是應該訴求能從中獲得什麼樣的感動。以環球影城來說，ＷＨＡＴ並非遊樂設施或活動而是「情感」，遊樂設施僅是傳遞情感的裝置，這些製品（物品）屬於ＨＯＷ。

有哪些品牌資產？

第三章已詳細解說品牌資產。品牌資產是消費者對品牌的一定印象，是該品牌使製品（物品）以上的價值在消費者腦中建立的認識。簡單來說，消費者腦中浮現所有關於品牌的要素都是品牌資產。

品牌資產當中重要之處在於，促使消費者選擇該品牌的強烈理由：「戰略性品牌資產（Strategic Brand Equity）」。WHAT即是指戰略性品牌資產。**品牌資產中根源性利益在行銷架構中稱為WHAT。**利益可說是消費者掏錢購買該品牌商品的理由。換言之，WHAT也可說是利益。

各位讀者能否理解呢？以下以具體例子來幫助各位讀者加深對WHAT的認識。不過，在此提到的WHAT僅為我個人主觀解釋。對品牌而言WHAT屬機密資訊，並無法公開。以下只是為了幫助理解的比喻。

首先，請想想「法拉利」。法拉利的WHAT有哪些呢？請寫下聽到法拉利時你想到什麼。「超高級跑車、帥氣、快速、昂貴、有錢人的車、紅色車身、馬的商標、官能性奔馳、義大利製、名人X和Y的車、價值數千萬日圓、引擎聲讓人陶醉、男人的夢想……」等。

看著這些，請思索購買法拉利者的根源性理由（ＷＨＡＴ）。仔細說來每個人的理由都有些微差異，但大略可歸類為兩個系統。

占多數的消費者族群是基於社會地位而喜愛法拉利，為了滿足自我展現欲望而購買。另一類的消費者族群，則是基於車子的觀點而喜愛法拉利。就占壓倒性多數的前者來說，ＷＨＡＴ可說是單純的奢侈商品。

「成功者的優越感」是使用者購買法拉利的根源性價值。此時作為競爭對手的商品不只限於車，可從中獲得「作為成功者的優越感」之商品都足以成為替代品而競爭激烈。遊艇、私人噴射機、別墅、超高層大樓的頂樓等。儘管是後者的愛車族，我想因為愛車而購買法拉利的人仍是少數。若無法獲得「作為成功者之優越感」時，鮮少會有人購買法拉利。

然而，屬於法拉利特徵的「壓倒性快速」、「動人的引擎聲音」、「官能性奔馳」等，更凌駕於作為車子的優秀行走性能之上，使其魅力大增。這些在愛車族的觀點來看，屬於可感受「作為成功者之優越感」的ＨＯＷ。

第二個例子為大受女性歡迎的「東京迪士尼樂園」。東京迪士尼樂園的ＷＨＡＴ

為何呢？請仔細想想消費者購買的「根源性價值」為何？人們為什麼會去東京迪士尼樂園呢？實際向遊客詢問後時常得到「因為可以看到米奇」、「可以沉浸在迪士尼電影世界裡」等典型回答。

這些是東京迪士尼樂園的WHAT嗎？我認為並不是。戰略並非消費者可清楚看見，許多作為戰略的WHAT（消費者購買品牌商品的根源性價值）均非具體事物，無法由消費者口中說出。消費者具體可見的多為HOW。

前述的法拉利亦然，「可獲得作為成功者之優越感而購買」並非購買者本人回答。然而，行銷者為了強化該根源性理由而集中所有行銷資源在上頭。

我認為東京迪士尼樂園的WHAT為「幸福感」。經由人物、遊樂設施、環境布置等HOW，在見到米奇、踏入如夢似幻的世界時，遊客心中會產生什麼巨大變化呢？東京迪士尼樂園無疑是將「幸福」作為HOW並打造出與其他品牌的差異。

鮮少有人不期望「幸福」，這可說是終極的強力利益。儘管是對米奇不感興趣的父親，也會想要帶著小孩去東京迪士尼樂園。因為期望看見孩子幸福的臉龐，同時自己也會感到幸福。東京迪士尼樂園的品牌設計無疑相當出色。

關於定位

行銷用語中有著「**定位（Positioning）**」的思考方式。簡單來說，就是在**消費者腦中占有與競爭對手的相對位置**。在消費者腦中，定位於有強烈購買理由之品牌資產，最近位置的品牌相當有利。

舉例來說，在家用吸塵器的市場裡，若「吸力強」是使消費者購買的決定性理由，就有利於擁有「吸力強」這項品牌資產的「Dyson」之定位。在家用房車市場裡，故障少、售後服務充實等「信賴性・安心感」是使消費者購買的決定性理由，擁有這項品牌資產、有利定位的「TOYOTA」因此得以行銷全世界。

許多消費者在做出購買決定時，都有認定為特別重要的價值觀。吸塵器的「吸力強」、汽車的「信賴性」等，這個重要價值觀會因商品種類而異，但作為判斷標準的品牌資產若是自家品牌獨有，自然是再好不過。儘管不是獨有，但自家品牌若能定位於接近「成為軸心之資產」的位置，也可增加消費者選購的機會。徹底深入洞察WHO，越能感同身受體會消費者購買該類商品的根源性理由時，成為軸心之資產的可能性也越大。

然而多數情況下，成為軸心之資產時常為該業界排名第一的品牌所獨有，或是與其他對手相較下處於有利位置。因此，該品牌才得以維持市占率第一。

想要向排名第一的品牌下戰帖時，就必須設法摧毀其堅固定位。這絕不是件簡單的事，但不是不可能。此時可選擇奪走對方所獨占的強力品牌資產（搶奪既有的軸心），或是現今「作為軸心之資產」過於陳腐老舊而設法在消費者腦中建立其他價值軸心（變更競爭軸心）。要在這般定位對戰中奪得先機，其實有諸多高階行銷技巧可善加利用。

要記住的關鍵是，**定位是「相對」的真理。**舉例來說，我時常被周圍眾人說是「右翼」。我只是單純喜愛日本這個國家，一心一意想著「讓日本這個可愛的故鄉富足並在旁守護是身為日本人的我的使命」。我曾在美國住過一段時間，但儘管我在美國中心數次高喊同一件事，也絕對不會被說「森岡是右翼分子」。為什麼呢？因為就世界標準而言，我的思考方式是「理所當然」；我雖然自認為「保守」，也確信不屬右翼而是「中央」。

然而，就定位的觀點來說，我確實是偏右。為什麼呢？因為定位是「相對性」。與我相較下，其他日本人多數都坐在左側。我在「中央」一步也不動，大家都坐在偏左的位置，所以相較下我就屬於偏右。因此「森岡是右翼分子」的品牌資產成立。身為行銷者的我是這般解釋（笑）。

像這般定位的相對特性，**即使自己不動，但對手移動時自身的品牌資產也會隨之改變**。反之，**自己的定位移動，也會使不移動的對手在消費者腦中有所變動**。

今天，對手作為軸心的品牌資產看似所向披靡、無人能敵，但到了明天，那般堅固定位仍有瓦解的可能。出色的行銷者無不時時思索與自家品牌相對的定位。為了掠奪王座，該如何使自家品牌在消費者腦中朝有利位置移動，或是迫使競爭品牌朝不利的方向移動，探尋可以大幅改變目前價值軸心的方法……

在王者身邊自然會思考。誰策劃了什麼、差異化方法該如何壓迫同質化、有什麼方式可以打亂現今的軸心……這些都是行銷者們平時反覆進行的腦力激盪、定位之戰。而在所有消費者腦中進行的，則是圍繞有利的WHAT之對戰。

5. HOW（如何銷售？）

HOW是什麼？

學習行銷架構之目的，是為了理解戰況分析、目的設定、ＷＨＯ和ＷＨＡＴ。閱讀至此的讀者，可說是已將多數行銷基本思考方式放入腦中。最後要來學習ＨＯＷ，使行銷架構的基礎更為穩固，就差臨門一腳了。

ＨＯＷ相當於戰略性思考已介紹過的「戰術」。請回想一下，當戰術弱時，不論多麼出色的戰略也難以達成目的。當ＨＯＷ越薄弱時，不論多麼強力的ＷＨＡＴ也無法傳遞給消費者，ＨＯＷ的重要性不言而喻。以行銷觀點來說ＨＯＷ其實就是戰術（Execution），**ＨＯＷ是使ＷＨＡＴ傳遞給ＷＨＯ的方法。**

消費者視線所及、與品牌相關的所有要素多半都屬於ＨＯＷ。商品包裝當然不在話下，商品（製品）本身、電視廣告、網頁、價格戰術、流通戰術也都是ＨＯＷ。ＨＯＷ多為消費者與賣方的最前線，因此容易形成品牌資產。若未能確實規劃ＨＯＷ，想在消費者腦中留下符合預期的品牌印象就永遠只是空談。

行銷組合（Marketing Mix，4P）

統整ＨＯＷ時最常使用的方式為「行銷組合」。以ＨＯＷ的主要四個領域之字首，組合為「４Ｐ」。如何製造產品（Product）、如何設定價格（Price）、如何流

行銷組合—4P

觀點	產品 Product	價格 Price	通路 Place	促銷 Promotion
目的	決定提供給顧客的產品	決定適合定位的價格	決定高效率、有效接近顧客的方式	決定高效率、有效提供顧客資訊的方式
方式	決定商品規格 ‧形狀和形體 ‧名稱 ‧包裝 ‧組合／成包販售	決定價格戰略 ‧設定符合需求 ‧設定合乎成本 ‧與競爭對手的關係 ‧價格彈性	設計通路 ‧批發＆零售業 ‧販售公司＆零售業 ‧僅零售 ‧直接行銷	決定目標 設定溝通目標 選擇宣傳方式 ‧廣告 ‧促銷 ‧推廣人員 ‧新聞稿

通銷售（Place）、如何促進顧客消費（Promotion），共有這四大領域。

Product（產品）：Product領域之目的，是要決定提供客戶的產品（製品）。決定產品為HOW的要素之一，是重要行銷者的工作。許多以技術導向的公司行銷機能未健全，「WHAT（利益）由什麼樣的商品系統提供」這項決定Product的工作時常未交由行銷決定。

以行銷主導的公司，WHAT為何、滿足WHAT的有效商品規格該留意哪些地方，是由以理解消費者為基礎的行銷決定，再告知研究開發（R&D）的技術團隊注意事項。主要的規格、名稱、形狀和形體、大小（大小與份量）、包裝等，都會以使消費者盡可能感受有效的WHAT作為要求。

Price（價格）：Price領域之目的，是指在自家品牌作為目標的定位下決定合適價錢。在此要考量諸多要素。首先，符合消費者需求同時也要考量成本，視與競爭產品的關係訂定相對價格、降價促銷時價格彈力帶來的效果也要一併納入考量。委託消費者無法直接購買的批發商、零售商等販售時，也必須考量流通利潤，設法間接引導市場價格朝期望方向前進，不過這些都無法絕對如預料中發展。

Place（流通）：Place領域之目的，是為了決定高效率且有效販售給顧客的方法。規劃自家商品到消費者手上的流通通路，亦是行銷者的重要工作之一。流通通路說來簡單，但其實有各式各樣的不同形式。代表性例子如活用批發與零售業的作法。為了避免庫存風險，許多企業選擇B to C。此外，還有不透過批發商自行販售，同時活用零售業、僅透過零售業、直接販售給消費者等多種方式。期望盡可能在店面曝光的經銷率觀點，以及考量流通利潤及盡量壓低成本的流通觀點，應進行綜合性選擇。

Promotion（促銷）：Promotion領域之目的，是要決定並實現如何高效率且有效將資訊傳達給顧客。面對明確對象（WHO的戰略目標與核心目標），該如何選擇高效率且有效的媒體，並思考其運用方式。廣告該如何呈現？是否要進行特別促銷活動？具體該做些什麼？新聞稿該如何處理？統整與形成認知、醞釀購買欲望相關的溝通，並將其戰術化即為Promotion領域的工作。HOW最終會是行銷者大量製成與溝通相關的產物，例如電視廣告開發。或許有人認為這類簡單明瞭又輕鬆的工作就是行銷者的工作，但就行銷者整體業務來說，這些工作所占的比重僅是微乎其微。

完成HOW才是行銷者

HOW相當重要。過去的我對於完成HOW並不太熱衷，也未能確實獲得成果。HOW的業務作業量之多，或許我內心深處覺得「真是煩人」。包裝、平面廣告等製圖的「藝術領域」，對於腦袋有如正方形數學機器人的我，意識上感到不願面對。可能是自己不願正視自身感覺與消費者感覺有所出入。然而，作為行銷者就無法逃避HOW。若持續逃避而不正眼面對，結果絕對會令人大失所望。

在實戰中歷經數次慘痛教訓的我，終於下定決心要面對ＨＯＷ的優秀之處。當時我**深刻理解到比起ＨＯＷ，對ＷＨＯ的理解更為重要**。深入理解消費者，是讓我這般缺乏感知的人，也能確實完成ＨＯＷ的最快捷徑。在此獲得的真理，**並非依自我感覺判斷，而是以深入理解消費者的ＨＯＷ觀點進行判斷即可**。這個理所當然的結果，我卻耗費數年才體會出來。

不過那時起我也開始猛烈反擊，開始在原本最不擅長的ＨＯＷ上頭大展身手。具體來說我做了些什麼呢？為了徹底理解消費者，我耗費大量時間精力。在販售美髮商品時代，我曾嘗試金髮、紅髮龐客頭。任職環球影城後，我玩了「魔物獵人」九九九小時、「勇者鬥惡龍」五〇〇〇小時，總之就是付諸行動試圖理解消費者觀點。或許看似只是單純玩遊戲，但為了將強勢品牌導入環球影城，理解粉絲心理為無可替代的成功關鍵。缺乏這步驟就難以獲得強力的ＷＨＡＴ，自然也無法帶來強力的ＨＯＷ。

喜愛思索商業模式與戰略、抽象思考類型的人；無來由討厭煩人事物，會想把部下安排到其他部門的人——這些類型的人應特別留意ＨＯＷ，應格外留心是否有確實掌握ＨＯＷ。**交由他人處理並不等同於放任**。可以將ＨＯＷ交給部下，但應時常關注部下的工作情形。

此外，只單純將HOW交由部下並無法培育部下。將工作交付部下時，應以專案為單位，以使部下將目的衍生而出的WHO及WHAT視為與HOW一體進行思考。否則部下只會針對HOW這個特定領域進行思考，還可能只感到進行作業的喜悅，造成成長停滯。

小看HOW時就無法成為真正的行銷者。應盡早察覺不徹底專注於HOW就無法獲得成果，請牢記對HOW應有的執著心。

WHO・WHAT・HOW全部順利讓商業活動大爆發！

WHO、WHAT、HOW……這些元素順利組合時，市場會發生特別變化，商業活動也能迎來爆發性成功。作為顯著事例，以下介紹環球影城由五年前推出的「萬聖節活動」。

近幾年萬聖節在日本的人氣之高，說是超越情人節、急遽成長的日本新活動也不為過。然而，我開始任職環球影城的二〇一〇年萬聖節，不過僅是東京迪士尼樂園、環球影城等主題樂園用作秋季活動的名稱，是個只有少數人積極參與的不起眼活動。在日本還沒有什麼知名度。

當時環球影城推出日間遊行活動作為萬聖節企畫，然而其概念是與萬聖節毫不相關的南美洲狂歡節。遊行活動的集客效果，其實連遊行成本也負擔不起、使經營狀態持續赤字。單就十月份的來客數而言，由於秋高氣爽適合出遊，因此原本就是一年中來客數最高的月份。換言之，儘管萬聖節遊行對增加遊客毫無建樹，但與其他月份相較下十月份本來就是來客數高的時期。

在萬聖節做出新嘗試，是翌年二〇一一年的事了。二〇一一年適逢環球影城十週年，是被賦予來客數增加百分之八之期待的同時，卻幾乎無預算可用以投資設備的嚴苛一年。所有資金都集中於兩項專案上頭：預計二〇一二年開幕的家庭專區（環球奇境）、二〇一四年開幕的哈利波特園區。二〇一一年與二〇一三年兩年，必須設法在零設備投資預算的情況下苟延殘喘。這是我們採行極端之選擇與集中的中期戰略。

儘管二〇一一年開園十週年，但無設備預算的情況下，只好轉而思索大幅增加來客數的點子。那時我著眼於萬聖節。

為什麼呢？運用數學方法進行徹底戰況分析的結果，每年來客數最高的十月，以及前後的九月、十一月，對環球影城來說是仍有大幅成長空間的未開拓季節。那時我使用的計算方式，是機率統計理論上使用的「帕松分布」（詳細內容可參考我的下本著作《機率思考的戰略論》）。在此簡單說明，若擁有近因（recency，最近購買該商品的時期）的消費者資料時，不僅可計算消費者的購買頻率（frequency），也能得知一月至十二月所有月份大抵正確的市場規模。光是「你最近什麼時候去遊樂園玩？」一個問題，其實就能從中獲得諸多珍貴資訊。相當於可繪製每個月詳細戰場地形的地圖。

因此，我比任何人都還要早一步且正確得知，來客數最高的十月其實仍有成長空間。這可說是由戰況分析獲得最高階的情報資源。若是不善運用數學的行銷者，理所當然會認為來客數少的月份才需要設法增加遊客，而將重心放在提升一～二月及五～六月等淡季的來客數。然而，我會避免在違反自然地形的情況下一決勝負，盡量善用自然地形才是明智之舉。計算得知具有成長潛力的場所並集中進攻，如此一來公司獲勝的機率無疑大幅增加。

因此，我在九～十一月的萬聖節季發動革新，主打「突破自我」的集客政策。

「決定如何戰鬥前，先正確找出該在何處戰鬥」。這是作為引領公司邁向勝利之軍師

的行銷者，首要且最重要的工作，我時時都這麼認為。

接下來是目的設定。目的不應過高，也不宜過低。二〇一〇年的萬聖節活動（日間狂歡節遊行等）帶來的追加集客效果（若無萬聖節而損失的來客數）約七萬人，因此以倍增的十四萬人為目的。來客數增加約七萬人左右也可籌備十週年活動的資金，故決定倍增的這項挑戰。

問題在於不論萬聖節有何規劃，毫無可使用的設備投資資金。零預算還追求來客數倍增談何容易，我決定如同理論不過高也不過低，僅勉強執行。

接著就是要選定足以達成十四萬人的ＨＯＷ。戰略目標與過去相同無需改變，「不討厭主題樂園的人」正是我們的戰略目標，需要動腦筋費點工夫的則是核心目標。我們分析了當年秋季容易打動的客層：九月至十月結束考試的大學生增加；此外，我們察覺以年輕女性為中心，對於休閒活動有異常高需求。因此我們將焦點放在年輕女性身上，並以單身女性為核心目標。

接著就只需投入針對年輕女性的消費者理解。強力ＷＨＡＴ與ＨＯＷ需以深度消費者理解為基礎，因此投入消費者理解為初期投資的重要關鍵。不僅要嚴密分析定量資料，也應進行年輕人對萬聖節抱持何種期待等質性調查。除了萬聖節之外，還要深入理解年輕女性關心的事物、懷抱壓力的原因、煩惱等，努力掌握核心目標作為個人的內面想法。

之後我們發覺了強力的消費者洞見，那是我對照旅居美國時期所做的女性消費者研究後得出的結果。若是只有日本女性的消費者資料，我想就難以察覺這個消費者洞見了。

這個強力的消費者洞見即是，**日本女性（例如與美國女性相較下）置身於易於累積壓力的社會環境，但卻缺乏可安心排遣壓力的方式**。由此導出的**消費者洞見為「想要毫無保留展現真實自我，卻難以達成」**。

日本男性其實也是相同情形，不過日本女性又特別被寄予抑制感情的期待。與美國、韓國的女性相較下無疑顯而易見。若壓力不會累積於內心倒還無妨，但年輕女性就業率高，家事方面也高達八成由女性負擔，在先進國家唯有日本才有這般情形。日本女性處於易於堆積壓力的環境。對比日本社會裡男性多樣的休閒活動（像是那些還有這些！）才剛踏入社會、涉世未深的女性可展現自我、排遣壓力的管道幾乎是寥寥無幾。

深入理解至這般地步，可說是設定強力ＷＨＡＴ的原動力。面對作為目標的年輕女性，環球影城可提供哪些根源性價值呢？再三思索的結果，我決定以**「可以盡情大叫發洩壓力！」作為ＷＨＡＴ**一決勝負。讓過於在意社會與文化風氣的年輕女性們，得以展現真實自我、盡情吶喊、放聲大哭大笑的場所。這樣的場所裡絕對不會將展現真實情感視為「矯揉造作」，反而還將喊叫視為自然的正常行為，不會遭受任何責難。若能提供這類萬聖節活動，勢必可帶來高價值。由於我們在消費者理解上耗費時間與精力，因此才能真正了解該提供哪些價值博得年輕女性歡心。

終於要來思考ＨＯＷ了。前述曾多次提及，儘管ＷＨＯ與ＷＨＡＴ的設定出色，但ＨＯＷ過於薄弱時仍無法達成目的。ＨＯＷ是向ＷＨＯ傳遞ＷＨＡＴ的重要過程，亦是重要戰術。「可以盡情大叫發洩壓力！」的體驗價值如何傳遞給年輕女性？以此過程作為ＨＯＷ，就要以４Ｐ思索該策劃什麼樣的活動。

此時我由旅居美國期間，全家一起體驗的正宗萬聖節經驗裡獲得靈感。變裝的孩童們列隊在鄰近地區嚷著「不給糖就搗蛋！（Treat or Trick）」真正的萬聖節，其實是包含變裝在內，可大肆展現內心黑暗面的一天。人們裝扮成骷髏、魔女、惡魔、殭屍等在戶外成群結隊遊走。

擁有與家人一同體驗正宗萬聖節愉快回憶的我，思索「規劃一個讓日本女性不受限於身分地位、對黑暗與恐怖事物樂在其中的企畫如何？」想要放聲大叫，就讓她們看見可怕事物而尖叫吧。主題樂園也每年度一次，將恐怖元素作為集客需求。如此一來，就成了與其他季節有明顯差異的特殊需求，萬聖節季集客效果大幅提升的假設也因此成立。

這即是產生「萬聖驚魂夜」活動概念的緣由。話雖如此，預算仍是近乎零。因此我想盡辦法在公司裡找尋可使用的經營資源。最後也被我找到了！那是針對部分粉絲舉辦的小型殭屍變裝活動的紀錄影片，高水準的殭屍妝容與演技讓我備受衝擊，也因此獲得啟發。

「僱用數百人扮成殭屍，在園區裡流竄！到了夜晚整個樂園宛如恐怖片的舞台般，放眼望去淨是殭屍大隊。最好能讓所有遊客都參與其中！」僱用再多殭屍也不需耗費設備費用。「人（殭屍）」即是最強的遊樂設施。

預測WHO・WHAT・HOW組合後的需求，可得知集客效果遠超過十四萬人之目的。終於可以付諸行動了。

接下來就是設定Price與Promotion了。關於價格，雖然有不少人主張萬聖驚魂夜應收取額外費用，但最終決議仍是維持現狀。就往後數年萬聖驚魂夜長期發展的角度而言，首次舉辦的第一年應盡可能讓多一名消費者嘗試也好，若是需求預測無誤時，不必額外收費就足以為公司帶來可觀收入，我對此自信滿滿。

在Promotion方面，我們採用了當時女性好感度第一的藝人Becky，活動主旨不是只有好恐怖，而是「雖然恐怖但好有趣、好開心」，以這般多樣性的WHAT進行電視廣告企畫。廣告代理公司異常努力，實際完成的廣告也確實相當出色。這支廣告以關西地區為中心播放，迅速提升目標客層的消費者認知。

到了揭曉命運的時刻，二〇一一年九月二十三日。位於大阪市此花區的環球影城陷入麻煩之中。那天早上我搭乘電車通勤，在大阪站由於人潮過多而久久無法轉乘夢咲線，費盡千辛萬苦才擠上呈現沙丁魚狀態的列車。抵達環球城站後，又因為月台人滿為患而幾乎無法下車！好不容易下了車、伴隨人山人海出了剪票口，朝樂園的方向望去，眼前的景象讓我瞠目結舌！

列隊等待進場的遊客如同大蛇一圈圈纏繞般，在樂園入場處前方蜿蜒。首次看到這般光景的我，忍不住脫口而出「我是不是跑錯地方來到舞濱（註15）了」（笑）。遊客數量是我們需求預測的數倍以上。

二〇一一年的萬聖節季，十四萬人之目的輕鬆達成，而且在僅兩個月的時間裡還額外增加四十萬名遊客。等同於連續七年蟬聯世界第一的全球頂級遊樂設施「蜘蛛人」開幕時的年度遊客，但僅耗費六分之一的時間就迅速達成。這是環球影城有始以來的驚人成果。相較於蜘蛛人耗費了一百四十億日圓的設備投資費，萬聖驚魂夜的設備投資費用卻是零，即使不依賴硬體設備與資金，憑藉人類智慧仍有可能揮出場外全壘打。

以萬聖驚魂夜為賣點的環球影城萬聖節季，之後每年亦大幅成長，到了二〇一五年十月，終於以一百七十五萬的來客數超越東京迪士尼、成為日本第一的主題樂園。

註15：東京迪士尼樂園的車站。

為何單憑藉十月就足以勝過東京迪士尼樂園呢？因為我們由五年前就著眼於十月的潛在發展力，計畫性將經營資源集中於萬聖節。現今萬聖節在全國的人氣火熱，九～十一月這個季節的需求仍後勢看漲。對先前即著眼於萬聖節、塑造強力品牌的環球影城來說，這般動向無疑是股有力的順風。

如同環球影城的例子，行銷擁有可改變消費者購買行為的決定性能力。**只要與正確的WHO、WHAT、HOW相互配合，就能發揮驚人的爆發力。**也可能是足以改變日本文化的巨大影響力。因此，我最為重視將自我時間投資於徹底進行戰況分析，以及透徹理解消費者。如此才能換取商業活動的高成功率。

第5章總結

學習行銷架構

---

1. 行銷架構是絕對依循「戰況分析→目的→WHO→WHAT→HOW」順序思考的「框架」。

2. 戰況分析是指確實理解「市場構造」以化作自身戰力。戰況分析的代表性觀點「5C分析」包括Company（企業）、Consumer（消費者）、Customer（中間顧客）、Competitor（競爭對手）、Community（商業環境）。

3. 目的設定要以並非不可能、勉強可實現的高度為範圍。簡單為重要關鍵，別具魅力更為理想。

4. WHO是指作為投入有限經營資源之目標的消費者。其最大集合為「戰略目標」，集中投入範圍為「核心目標」。

5. 目標與達成目的相對照不宜過小。

6. 「消費者洞見」是消費者隱藏在內心深處的真實。指出消費者洞見以打動消費者認知或情感，可使消費者產生購買欲望。

7. WHAT是品牌資產中消費者選購的根源性理由，亦稱為商品利益。

8. 定位是指品牌在消費者腦中占有的相對位置。自家品牌資產移動時會使對手定位改變，反之亦然。

9. HOW是使WHAT傳遞給WHO的方法。常見的統整方式為4P，包括Product（產品）、Price（價格）、Place（通路）、Promotion（促銷）。

10. 當WHO・WHAT・HOW全都順利，能讓商業活動大爆發。

第6章

行銷拯救日本！

日本的精采出色

日本是個奇蹟般的國家。日本人以即使素昧平生也彼此信賴作為前提，是讓人不可置信的國家。雖然國家規模之大，治安卻出乎意料之外地好。孩童獨自一人在外頭遊玩、從補習班下課後平安晚歸、與朋友結伴前往環球影城，這些事在日本再平常不過了。杳無人煙的鄉下常見自助蔬菜販售所，城市裡隨處可見自動販賣機，日本是遺忘的錢包可以完好無缺回到失主手中的社會。我還是神戶大學學生時，就曾親眼見證碰上阪神大地震那般重大緊急事故時，人們仍是列隊依序進入商品散落滿地的無人商店，自行計算手中商品價格後確實放下相符的金額。

彼此信賴、相互體貼，堪稱全球道德規範最高的社會，日本是奇蹟般的「高度信賴社會」。為何這個奇蹟般的高度信賴社會得以存在呢？我認為有兩項重要支柱。若有任一項衰微時，這個高度信賴社會無疑會面臨崩解的危機。

其一是日本人引以為傳統、自幼培育的**「分享」價值觀。相較於其他國家人民認**

定所有富足都是神給予自己的恩惠，日本人的價值觀由本質上不同。許多日本人對於自己一人獲勝感到「罪惡感」。眾人同心協力栽種農作物的日本人，從零開始就是一齊分工進行。與其在群體中作為突出的一人，不如齊心協力打造沒有任何人餓死的社會，我認為這即是日本人。

然而，日本人現在生存於不得不與一人獨占財富也毫無罪惡感的人們激烈競爭的世界，對此應有所覺悟。

另一項支柱為**日本的富足**。日本是狹長島國，但就全球來說卻足以供給大量人口（德國人口的一・五倍、法國與英國人口的總合）豐衣足食。就歷史上來看，日本得以獨自發展精粹洗鍊的文化，也是自古就富足的證據。

近年來亞洲各國經濟蓬勃發展，但足以媲美歐美先進國家的社會，在亞洲唯有日本。**多數國民擁有富足、清潔的便利生活，在亞洲就屬日本了。**儘管近年來貧富差距擴大、中產階級崩壞等問題出現，但貧困餓死的人仍是少之又少。雖然社會福利、年金等方面有諸多不安課題，但幾乎全數國民生病時都能去醫院就醫，這樣的國家也是屈指可數。能在滑雪場的山中小屋設置免治馬桶的國家，在亞洲甚至全球，可能也只有日本了。日本是全世界最富足的國家，因此才得以保有相互信賴彼此分享的寬裕。

許多居住在日本的日本人並未真正理解日本的好。請試著在國外生活看看，如此一來勢必能體會日本的美好之處。偶爾至國外旅遊並不夠，要一段完整生活於國外的時間方能理解。**生於日本而順理成章享有的教育、醫療、治安等社會基礎建設，就全球觀點來說並非理所當然的事。**支撐這般稀有珍貴之「高度信賴社會」的「富足」，在未來該如何確保呢？這是所有與商業活動相關之日本人的共通課題。

日本人的戰術強項

我認為日本人擁有情感傾向的國民性。特別是戰術局面可將日本人的「情感性」作為特徵強項善加發揮。日本人重視現場的精神面，**將現場的生產性（能力、規律、規範）發揮地淋漓盡致。**

在高中時期，我曾在製造混凝土、道路工程、建築工地等處打工。雖然僅是每天的臨時工，但卻讓我相當震驚。現場所有人工作的模樣真是出色！每個人無不竭盡努力，以高效率彼此幫助、鼓勵而團結一致，每天都滿溢著大家一起努力完成的氣氛。

也因為如此，怠惰如我也不能好好偷懶了（笑）。日本的製品與服務品質，就是由這般高水準的現場所支撐，這對我來說是相當好的社會學習。

日本以外的國家又如何呢？不需要怒吼「給我全力以赴努力工作！」「確實做好！」的國家，大概也只有日本了。我在美國工作時期，有生以來第一次跟部下說「全力以赴努力工作！」在日本卻從來不曾這麼說過。

在美國時還發生過這樣的事。那時為了避免還是嬰兒的孩子從自家樓梯摔落，我請來木匠架設圍欄，然而請來的木匠個個技術差、休息時間又長。木工甚至直接將長螺絲敲進樓梯扶手裡，約五～六公分的螺絲頭就這麼外露如同針山。

「這樣嬰兒在摔下樓梯前，家裡所有人的腳就先被螺絲頭劃傷了，白痴嗎！」我記得自己忍不住以大阪腔連連抱怨。

美國是金錢至上的社會，木匠、手藝傑出的工匠只要支付高額報酬就能聘請得到，然而，**多數情況都是連「普通水準」的最底限也達不到的誇張程度。**在美國生活時，我感到「不論什麼事，美國中等水準的程度過低！」然而事實並非如此，其實是日本的「中等水準」遠高於世界水準，而且美國的情況已經比其他國家來得好了。

我熟識的朋友住在印尼，他的房子歷經十年以上才完工；住在中國的朋友，因下水道工程造成自家下方的水管破裂，家裡淹水使得金屬製居家用品變得醜陋不堪。雖然也可說是文化差異，但**高度職業道德、現場的團結力、喜愛眾人合力製作好商品，在社會每個角落隨處可見這般高度生產性的奇蹟般國家，大概就只有日本了。**

居住於美國時，我曾從熟識的高齡美軍退休將校那兒聽到一件事。太平洋戰爭時，曾在硫磺島等戰地與日本軍直接交戰的他，向我大力讚揚「日本軍人真是擁有驚人韌性，你們日本人應該以驍勇善戰的先人為榮」。

「他們相當勇敢，忍耐度高、願意犧牲奉獻。換作是我絕對因害怕而不敢執行的軍事行動，他們仍在指揮下迅速完成。在日軍應該早已彈盡糧絕的情況下，他們仍是士氣高昂。無時無刻都以高度韌性勇於奮戰。本應以壓倒性物資及火力占優勢的我們，其實一直都很害怕。若是日軍擁有我們一半的戰力，美軍絕無獲勝的可能。」

日本人的現場能力之強，在各式各樣的戰場中都留下諸多紀錄。如同新加坡戰役（註16）般，以完全無勝算的戰力獲勝也是常有之事。**以精神力為基礎的日本人的強項，在過去作為日軍戰術強項而表現出色。**

我的興趣是鑑賞「日本刀」。日本刀讓我備受感動之處在於，除了徹底追求有效率地殺人的目的外，還有著超越效率性讓人強烈感受到的「事物」。儘管相隔數百年之久，徹底追求效率與機能美的職人們，其「讓人不寒而慄的氣勢」，仍藉由日本刀所散發出的緊繃感而令人肅然起敬。**日本刀是超越效率、將美昇華的鐵之藝術。**若是只單純作為武器，除了日本人以外絕對不乏低成本高效率的作法。但立基於效率之上，融合精神性與美術品的傑出刀劍文化，**甚至將精神融入物品中，除了日本人之外或許就別無其他了。**

不僅止於事物，日本人喜愛在興趣上追求實用與「道」的精神性。茶道、花道、書道等，任何事物都追根究柢……和食文化不僅追求品嘗季節食材的美味，還融合了向對方呈現「款待的心」這般精細考量，換言之就連料理也不忘發展精神性。請看看近年來日本拉麵文化的發展，不也足以稱之為「拉麵道」了嗎？

除了講究之外還追求極致，不分事物或服務都融入精神……因此，所有產品製

註16：新加坡戰役（Battle of Singapore）是第二次世界大戰東南亞戰區中的一場關鍵戰役，大日本帝國陸軍在一九四二年二月八日至十五日間攻擊大英帝國所屬的海峽殖民地政府，最終成功占領整個新加坡島，英軍十三萬人向僅僅三餘萬的日軍投降，善用腳踏車是日軍戰勝的重要原因。

造、技術開發及服務的現場，出現如同日本刀與拉麵般的景象是不難想見的結果。日本人擁有的這種情緒性特徵，在任何領域都能成為擁有相當於戰術等級之卓越強度的支撐骨架。

合理準備、精神抗戰

為了使這個奇蹟般的國家可以流傳至下個世代，日本就必須設法維持富足。該怎麼做呢？我認為要**活用日本的「卓越戰術強項」，必須使個人與企業都能養成作好合理準備的習慣。**換言之就是磨鍊戰略性。

情緒上重視精神主義的日本社會特徵，與日本戰術面的強項緊密相連。然而，這般強力戰術在戰略層級的決策方面，時常會有情緒過於投入而合理性不足的問題。許多日本企業在作出重大決定過程受到「現在氣氛」、「心照不宣」影響……每當見到這些情況時，我總會強烈感受合理決定不應有過多情緒涉入。

英文中有Mind（理性的意識）與Heart（情緒的意識）之分，但日文中卻沒有可相對應的單字。勉強要說的話大概就是「理性」與「感情」，但**許多日本人都將**

Mind與Heart視為「心」一字。情緒上抗爭而戰術強，但融入情緒後反而戰略弱，我認為這是日本人的特徵。這個特徵會依環境而強弱不一。

日本人容易因情緒而作出決定。理性與感情合而為一時，時常難以冷靜作出正確判斷。眾人齊心協力同樂是農村社會的傳統，儘管對所有人來說是對的，但要決定誰生誰死仍不是件簡單的事。比起理性分析、客觀審視，更重視顧慮周遭與相關者的連繫、全體和諧。這般文化裡不熟悉「戰略」也不難理解。然而，戰略是「選擇」。

日本大型企業裡的員工紛紛異口同聲表示：公司裡的重大決議由誰決定並不清楚。以「不是社長或會長決定嗎？」反問時，儘管最終形式上由領導者決定，但其實由幹部及其部下、相關者達成共識後再由領導者認可的情況也不在少數。

換言之，內部關係人製作眾人同意的方案後，再呈交管理者。在會議上沒有熱烈討論或議論過，總之「就這樣決定了」。不清楚是誰在哪裡決定的過程，這其實是未明確意識到「決策系統」。在這類組織裡，高層時常得到「咖哩壽喜燒」的選項，因此也在無意間作出「要不要做咖哩壽喜燒」的決定，而非「要選咖哩還是壽喜燒」。

不論是個人或組織，日本人缺乏對戰略選項徹底思考、進行「合理選擇」的習慣。**許多日本組織與其說是戰略錯誤，其實多半是「沒有戰略」**。在內需與世界經濟均蓬勃發展的「生產就能銷售之時代」裡，沒有戰略或許也不會構成大礙，但追求品質成長（即市場競爭激烈）刻不容緩的時代下，想要生存就必須不斷提升戰略。

組織追求生存需要持續進行自我破壞與變革，帶有過多情緒的決定會使得伴隨巨大變化的戰略按鈕遲遲難以啟動。日本人除了面臨絕望狀況與外在壓力外，不也最不擅長自我改變了嗎？

與過去相較，全球休戚與共的現代，而且越發緊密相連的未來，日本無疑會更加被捲入自由主義經濟的激烈競爭裡。不得不與對於一人獨勝毫不猶豫的盎格魯撒克遜人、猶太人及歐陸經濟圈的人民為伍。當戰略性弱時，要如何獲得不輸從前的富足呢？不能維持富足時又該如何維持高度信賴社會呢？我們的子子孫孫會生活在什麼樣的日本呢？我感到極度不安。

作好合理準備後，精神無法抗戰嗎？我們應善加活用戰術面的本有強項。我認為改善戰略可使日本的強力戰術更為驚人。卓越技術能力與追求極致生產性的高度現場力，應該也能成為更有力的武器。並不是非得大量提出漂亮出色的戰略，在戰術方面過人的日本，憑藉普通戰略就能獲勝的情況絕不在少數。

在戰略階段應極力排除「情緒」。將強力戰略選項進行複數建構，因此不可輕忽科學情報分析，不輕忽將理性與感情分開討論的重要性，不輕忽貫徹合理主義冷靜「選擇」。

由於現場執行力強，大多數結果都不差，所以就忽略了徹底思考戰略……擁有這般自覺的領導者，請由改變心境開始。現場（戰術）強力時更應如此。以能在強力現場爆發力量為焦點，謹慎選擇該在哪裡戰鬥。若能有更為合理的準備時，在現場也能獲得更為顯著的成果。試圖改變組織的決策系統相當重要。

此外，公司最終仍是「人」，改變每個人的意識相當重要。當你致力於「**合理準備、精神抗戰**」後，周遭眾人的戰略性也會隨之改變。戰略性思考不僅限於領導階層。

行銷拯救日本

將富足日本留給後代子孫的關鍵，我深信就是「行銷」。往後日本最必須投入合理性的事物就是行銷，**行銷是日本人再熟悉不過的「合理主義」**。為什麼呢？因為行銷與日本人的價值觀（Value）不謀而合。行銷是為了提升消費者價值的科學，也是徹底追求人類幸福的科學。

為了盡可能使諸多人幸福而費盡心思的行銷，我認為比起因一人獨勝而感到開心的人們，與日本人的感性更能產生親近感。日本自古以來即說「客戶是神」，也正是完全切中為了他人幸福而湧現力量的日本人價值觀。

過去在Ｐ＆Ｇ裡，見識到的日本人行銷者之技巧，無疑較其他國籍的同事優秀出色。在現今任職的環球影城裡，看著同事們工作的身影，也能明顯感受到「為了帶給顧客歡笑」的純粹熱情，正是促使他們工作的動力。

行銷裡將品牌視為「Lovemark」（愛的標誌），這是種將「品牌」視為人們喜愛對象的思考方式。真正強力的品牌深受人們喜愛，想起該品牌瞬間心中湧現的情感使人感到幸福。光是看到Nike的標誌，就能讓運動不足的我心中也燃起挑戰者的勇敢精神；看著Snow Peak的標誌，便憶起與家人一起徜徉於大自然中的感動；看著Lexus的標誌就能感受滿足、安心、奢華的駕車體驗。**若是沒有這些無數讓人心動的**

品牌，或是沒有行銷時，這個世界會是多麼殘酷地灰暗又無趣呢？

從事行銷時常令人感到瀕近臨界點而失去動力，實際上也可能真正失去動力。那時如何能夠重新振作、再次出發呢？就是想著**行銷是少數罕見、可直接提升眾多人們生活與幸福的工作。**自己所從事的工作可以改變人們腦中的價值軸心、產生更多價值，同時對人們的購買行動產生決定性改變……因此要將作為媒介的品牌培育為Lovemark……行銷活動帶給人心五彩繽紛的刺激，並促使經濟富足。像這般造就社會正面影響的工作可不是到處都有。

行銷工作的價值，正是使受挫內心再次向前邁進之行銷者的原動力。我與環球影城的諸多夥伴們一同咬緊牙根、克勤克儉，為了實現哈利波特園區而走上嚴苛之路，也是由於我們深信自己的所作所為與社會幸福相連的關係。

此外，當行銷者完成某項工作後，甚至會感到從全身毛孔散發出興奮與能量般的成就感！**這也正是行銷者感到生存意義的瞬間。行銷是使人幸福，也為自己帶來幸福的科學。**

日本的未來無疑要倚賴行銷，行銷的重要性勢必與日俱增。閱讀本書的讀者，我衷心期盼有人會因此對行銷的價值與存在意義抱持關心，並以行銷者為志。當然不是一定要從事行銷工作，進行行銷思考的人我就稱為行銷者。未來行銷者的各位，讓我們一起使日本更為富足吧！我的世代遲早會退居二線，未來的日本就交給你們了！也請千萬不要忘記培育、傳承給你們的下一個世代。這正是我撰寫本書的衷心期盼。

第 7 章

我如何成為行銷者？

不能與公司結婚

打從年輕時，我就以行銷者作為目標並進行戰略性準備，最後也如願以償……雖然很想這麼說，但事實並不是這樣。我是在大學三年級起的求職活動（註17）中才開始以行銷者為志，而且還是最後一刻、迫在眉睫的決定。

我曾在神戶大學經營學系的田村正紀教授指導下，熱衷鑽研行銷。然而，卻從未想過要以行銷作為專業謀職。那時我思考的出路包括以下兩點。一是「成為經營者之路」，另一是「活用個人擅長的數學之路」，例如金融商品開發、證券交易。但我缺乏作為目標的明確公司或是職業類別，因此在求職活動裡徬徨失措。

那時約是距今二十年前，日本社會仍瀰漫濃厚終身僱用制色彩的時代。日本大型企業也多半以「終身僱用制」為前提介紹自家公司，求職學生們也追求以長久工作為目標、要求「平穩收入與僱用」的時代。話雖如此，我展開求職活動的一九九五年，碰上泡沫經濟瓦解後的「就業冰河期」，對學生們來說是相當嚴苛的買方市場。

在那般時代背景下，為何我會選擇先前從未考慮的行銷工作，而且進入「Ｐ＆

G」這間與終身僱用制相去甚遠的外商企業呢？

求職活動期間，我縱觀各業界。包括金融、貿易、製造等業界的多間有力企業。不僅直接與人資工作關係者及大學前輩討教，我還主動調查各企業的業績、主要戰略要因等資料。

各公司對學生們進行的說明是否有言行不一之處，這是我最想了解的部分。耗費最為珍貴的二十歲、三十歲期間可以在這間公司累積什麼樣的經驗，這是我更為渴求的答案。我絞盡腦汁思考這些問題，當時仍才疏學淺的我察覺以下三點。

- 許多日本企業無法選擇「職能」。
- 許多日本企業不注重能力發展，年功序列制的升遷速度緩慢。
- 終身僱用制無疑將面臨瓦解。

註17：日本大學應屆畢業生在畢業前約一年半（大三第二學期，約九～十月）就開始求職，約在隔年四～五月會陸續接獲公司錄取通知，稱為「內定」。

其中當然也包括許多在求職學生心中名列前茅的超優質企業。幾乎所有企業都以終身僱用制為前提作為錄用員工的人事系統，這是再理所當然不過的事了。造就「公司會確實照顧員工到退休，只要對公司的要求付出相對努力與貢獻，緩慢成長即可」的想法。進公司後不知道是被分配到業務、會計、行銷還是人資，無法選擇「職能」。當然因為是公司，依循公司指示而努力的心情我也曾有過，然而我腦中卻無法抑制浮現「但是就連職能都無法依本人期望嗎？」的疑問。我有股不祥的預感。

此時我察覺「**接下來是個不能與公司結婚的時代**」。為什麼呢？因為**儘管個人想要與公司結婚，但公司也無法與個人結婚。**如果以終身僱用制為前提規劃人事系統，到了職涯後半期才被公司放逐，情況會如何呢？當時已有少數具遠見者警告終身僱用制面臨崩壞危機。自己想想也不難理解，不期望業績直線上升的時代要維持終身僱用制，以數學觀點來說幾乎是不可能之事。

想在激烈競爭中存活的企業，**不論年功序列制或終身僱用制都必須放棄，才能使人事成本最為合理，僅對企業需求的技能（職能）貼上標價的時代終將來臨**……當時的我雖然不甚清楚企業會以多快的速度發生變革，但仍感到「我未來數十年的職涯裡，終身僱用制與年功序列制無法保證是時代主流」。因此我以「**可盡早學習高需求**

的技能」作為條件開始篩選公司，未來多數企業渴望的是什麼樣的技能呢？大學時曾接觸的行銷因此列入候選名單。

我的個性無法接受「面試失敗」，因此其實也獲得日本數一數二的M貿易公司、S銀行等企業的內定。不過與最後獲得內定的「P＆G行銷本部」相較下，考量足以使自己盡早培養實力的環境，最後我選擇了P＆G。P＆G各部門依職能個別錄用，不會強迫員工學習不感興趣的職能。此外，若要說由二十多歲起就能累積壓倒性經驗的環境，看了數名P＆G的年輕前輩們後，我就更加確信自己的選擇。與其說是為了成為行銷者而前往P＆G，其實是為了追求自己可盡快成長的環境以成為行銷者，並摸索「未來經營者之路」的職涯模式。

對於我的選擇，周遭眾人都驚訝不已，其實以反對意見居多。畢竟那時仍是「穩定」為多數人優先價值觀的時代。雖然講出數個P＆G品牌後有些人可以理解，但由於公司本身的知名度不高，還曾被戲稱「The Procter & Gamble Company？是賭博的公司嗎？」（笑）

特別是父母更加期望我選擇「M貿易公司」。不僅能對國家帶來利益，年收入和待遇優渥，在親戚面前又是面子十足，就父母的世代來看我的未來可說是一片光明。雖然最終他們仍尊重我的判斷，但他們「明明拿到M貿易公司內定了耶？」的心情也不是不能理解。

而且我還向M貿易公司提出讓我進入堪稱精英部隊的水產部、進行鮪魚交易的要求。我想著要活用擅長的數學，著實煩惱了好幾天，至今仍記憶猶新。在M貿易公司面試時，我一臉正經說著：「我非常喜歡魚，對魚也相當了解！太平洋的鯖魚與日本海的鯖魚我都能清楚分辨！其中我特別喜愛鮪魚！不論什麼工作，就算讓我每天在冷凍庫裡抱著鮪魚睡覺，我也會因為幸福洋溢而不感到疲勞。請讓我在貴公司的水產部工作！請讓我抱著鮪魚！我對鮪魚的愛與數學能力絕不會讓大家失望！」（笑）

雖然我真的相當喜愛魚，但這場面試確實過於誇張。

M貿易公司是間包容力十足的公司。最後階段面試時，真的搬來了兩隻鯖魚，焦急不已的我被大人的歡笑所圍繞，獲得熱情洋溢的鼓勵與內定，同時也承諾會推薦我進入貿易公司裡少見的水產部。過程中我所見到員工的品格與體貼，都讓我留下深刻印象。

決定選擇P&G而前去辭退內定時，真的是舉步維艱。在回程路上還忍不住哭了出來。至今我仍不時會想「如果那時選擇M貿易公司會如何呢？」與那些出色前輩共事，一定也會有另一番有趣的職涯與人生吧！說不定會被稱為「傑出鮪魚交易手！」出現在NHK紀實節目裡。總之，我想我一定也會對那份工作抱持熱情，因為職涯上的正確解答不只一個。

當時我在煩惱後，以「自身成長速度」為最優先而決定成為行銷者。不論周遭言論，我仍是秉持「**捨華求實**」的想法。想要追求成長，怠惰的自己為了生存，需要一個絕對無法怠惰的環境，我需要烈火窮追不捨的地方。因此我才會受到覺得「這我做得來嗎？這好像有點不妙」的公司吸引。那就是當時持續一百六十年屹立不搖、世界頂尖的行銷公司「P&G」。我奮不顧身選擇了最為嚴苛的選項。

唯有累積「實戰經驗」才能培育行銷者

開始工作後，P&G的嚴峻超乎想像。但**對於想要盡快成長的我來說，無疑是最合適不過的環境**。若是現在可以搭乘時光機給當時苦惱於就職活動的我建議，我毫不猶豫會說「進P&G工作！」就結果上來說，我認為自己選擇這間公司作為職涯起點是明確選擇。當然對我而言的最佳，對其他人來說卻不一定。我現在也在煩惱要不要勸自己的孩子進P&G工作（笑），畢竟過了二十年的時間，P&G的組織結構似乎也有所改變。

對當時的我來說，P&G的過人之處在於**可以大量累積豐富實戰經驗**。我認為唯有如此才能培育行銷者。行銷理論固然重要，但未歷經戰場洗禮就無法成為可獨當一面的行銷者。

為什麼呢？因為**擔負結果的壓力非同小可**。練習成果不一定能在實戰中完全展現，練習與實戰的壓力也無法相提並論。請試著想像自己正走在離地五十公分、寬十公分、長十公尺的平衡木上，一般人理應可平穩走完。但當相同平衡木移至離地五十公尺的距離時呢？靠近地面時倒還無妨，但高度增加時對死亡的恐懼形成壓力，結果許多人因此殞命。這即是「壓力」的可怕之處。

行銷上亦然，作出決定（當事人）的行銷者肩負所有壓力，特別是**品牌及公司命運全操之在己的壓力**。此外，各部門間利害與人際關係衝突的壓力、時間不合理也要完成工作的時間壓力、關係到自身職涯成敗的壓力等，難以計數。

作為肩負重責大任的當事人，要以平常心從事行銷談何容易。儘管事後回想起來僅是微不足道的小事，也可能使人頭腦打結、毫無靈感、表現失常等。零壓力的狀態下作出正確判斷，與強大壓力下作出正確判斷，兩者完全無法相提並論。

有所謂行銷顧問的工作，主要是為企業提供行銷方面的建議與提案。一般而言，與企業內部的行銷者相較下，顧問立場得以站在更廣的角度審視多種不同類型的企業與品牌。

然而最終決定者仍是顧客，而非顧問。儘管顧問提出提案企畫，仍難以感受在重大壓力下作出重要決定的「當事人體驗」；當然顧問也有作為顧問獨有的壓力，但絕對不同於因自身決定而產生的壓力。

有不少人是在累積大量當事人體驗後成為顧問，並非所有顧問都無法自行作出決定。只能說就顧問的立場而言，要在「自行決定的當事人體驗」方面累積經驗較為困難。不過以我來說，我個人是不太相信缺乏當事人體驗者的說辭。不論在地面上進行幾次橫渡平衡木，與在離地五十公尺的上空走鋼索是截然不同的。

想要在湧現的巨大壓力裡正確運用智慧、戰略性引導眾人使團隊獲勝，就必須設法習慣壓力。為此就要數次在巨大壓力的戰場裡歷經千錘百煉，彷彿胃裡冒冷汗般數次度過難關，培養處變不驚的精神力。

如此一來，在作決定時就會養成**「Guts Meter（自己獨有的判斷基準）」**。在戰場上，**理所當然完成分內工作是相當了不起的行為**。設法將行銷理論與自身感覺融合才能運用於戰場上，為了將理論與感覺融合，就必須多次應用於實戰當中，才得以烙印在腦海裡。

培育人才的傳統

一九九六年進入P&G工作一年多後，我已累積許多實戰經驗。起初是在可說是品牌社長、身為「品牌經理」的上司帶領下，負責數項重要專案。更改包裝、商業分析、促銷等。在從事這些工作的同時，我也將行銷基礎、理論與實戰結合。

在數個品牌累積經驗後，我開始擔任電視廣告開發、導入新產品等重大專案負責人，拜出色成果所賜，工作第五年即升職為品牌經理。當時P&G的品牌經理需肩負一項品牌的所有經營責任，比起一般公司裡的課長，遠遠擁有更大職權。在二十來歲時，我就已經體驗了作為領導人率領部下與多個部門的經驗，以及肩負品牌營收責任的壓力。

作為品牌經理累積豐富經驗後，二〇〇四年我轉調P＆G公司的全球總部（美國俄亥俄州辛辛那提）。作為P＆G最重要品牌之一、北美潘婷（Pantene）的品牌經理，我感受到排山倒海的壓力。在同一樓層只有我一個日本人的環境裡，我也體驗到有生以來首次成為少數派的經驗。我為了生存奮力學習，幸而成為行銷副總監。二〇〇六年時我回到日本。

之後三年裡，我不僅在日本管理美髮商品事業部裡的數個品牌，同時也與行銷人事方面關係匪淺。二〇〇九年我在P＆G收購的日本威娜裡擔任副董事，因此獲得全新經驗。我首次體驗完全不同於P＆G的日本企業文化、聽取除了行銷外多個部門的報告，也更深入了解B to B商業。二〇一〇年時，我為了追求自我挑戰而轉職至環球影城。

回想起過去十四年間累積經驗的質與量，我對老東家P＆G只有難以言喻的感謝。我一心專注於奮戰上，歷經獲勝與戰敗，時而使公司大賺時而賠錢，不僅品嘗成功的喜悅也承受過失敗的苦楚。身為品牌的社長，也累積由上游至下游一氣貫通的品牌化經驗。促使我從年輕時就養成以寬闊視野審視商業行為的習慣，也將眾多商業驅動力融入感覺當中。

就培育人才這點來看，P&G無疑相當優秀出色。其人才訓練機制確實相當完善。許多獲得P&G行銷本部內定的學生，其專業並非行銷。而且可能毫不具備大學時曾努力鑽研行銷等加分條件。

P&G錄用毫無行銷知識的外行人，在短期內使他們具備高效率的戰力。不僅提供依程度畫分，學習行銷具體技巧的訓練課程，也有培育作為商務人士基礎之勝任力（Competence）（註18）的課程，如領導能力、戰略性思考等。而且訓練課程本身及講師們（P&G公司內部的經理們）的技巧也不斷精益求精。

公司內部以訓練課程作為優先事項，工作固然繁忙，但上司仍會積極推薦員工參與訓練課程，洋溢著以文化培育人才的風氣。我自身在忙於美髮商品事業的同時，也擔任P&G行銷大學的校長多年。因此在確立行銷體系、傳授行銷知識、開發訓練課程方面我也累積諸多經驗。

此外，P&G的上司們均相當優秀。或許可能是我的上司運特別好，上司們讓我在他們身上看見哪些是必要能力（反面教師也包括在內），我覺得相當幸運。

部下無法選擇上司，但其實上司也無法選擇部下。碰上像我這般個性鮮明的部下時，上司也相當難為，但我的上司們無不抱持熱情地培育部下。

對上司來講，「使部下理解真正需要的事物」需要相當的勇氣。因為真正需要的事物部下幾乎都聽不進去。部下反彈、情緒化的風險，接受這種可能的一連串壓力，其實對上司來說都是相當高成本的行為。對上司而言最為輕鬆的事，莫過於將部下的特長運用於自身短期利益。費盡心思培育部下並不划算，然而我過去的上司們，也時常盡可能參與我個性上的課題與極限。

有的上司認真回應我許多追求成長不可忽視的課題，有的上司教導死腦筋的我「貫徹現場戰術」的重要性。也有不曾稱讚過我的上司。後來才知道，那名上司表面上徹底打擊傲慢的我，私底下卻為我的職涯擬定了計畫。

P&G裡淨是能力高又熱情的上司，熱衷培育人材是公司的傳統。P&G公司不透過獵人頭挖角，而以內部升遷為原則，歷代社長個個也都是基層員工出身。P&G奉行未來領導人由自己培養的理念，**經由內部訓練課程充實培育人材，這樣的傳統無**

註18：指足以妥善完成工作的能力。

疑是得以長久經營的企業驅動力。

雖然現況難以直接向過去的上司們報恩。不過以這般方式培育的世代，可將從上個世代接受的恩惠傳承至下個世代——**不是報恩而是傳遞恩惠**——我們的上司也是將他們由前個世代接受的恩惠傳承給我們。我們可以做的事情不外乎是將從前輩那兒習得的事物，及他們培育人材的熱情，與下個年輕世代連繫起來罷了。

不論任職P&G或是環球影城，我都將重點放在行銷訓練課程、培育次世代行銷者，就是基於上述理由，這也是撰寫本書的動機。使日本強力的行銷者增加，就是我的恩惠傳承。

貪婪悠游於追求成長的環境

基於數點理由我轉職至環球影城，其中主要理由在於「想要可以更加成長的新天地」。與其作為大公司裡的小螺絲釘，我更希望可以成為作決定的當事人，盡可能擁有自由空間，儘管公司規模小也無妨。我遇見環球影城的前任社長甘佩爾時，他誠摯表達為行銷者的我準備了遼闊發展空間，促使我想要挑戰自己的能力。

娛樂產業我也是首次接觸，但我絲毫不引以為意。我深信只要對象為消費者時，行銷哲學就完全相同，而且我個人也喜愛娛樂活動，我樂觀認為自己會比美髮產品湧現更多熱情。

不過對於我的選擇，周遭的反應並不看好。前輩、同事們當中，還有人覺得我該轉職的應是可以在行銷上一展長才的大企業，而非當時評價不甚好的環球影城。不過與十四年前相同，我仍選擇「捨華求實」，對我而言，在大公司裡飛黃騰達並非最重要的事。

我的決定可以帶給組織重大影響，這般空間反而讓我覺得「意義非凡」。因此比起周遭意見，我更重視能否獲得期望的經驗與技能。這與當年選擇P&G而非M貿易公司的想法如出一轍。我認為「能使環球影城重拾榮景，對日本來說也是項光彩的工作」。

於是我轉職至環球影城。在環球影城的工作壓力完全無法與P&G混為一談，每天我都為了提升業績而費盡心思。我也體會到過去在P&G工作是多麼幸福的事，可以在優秀員工環繞與堅實內部體制下專注於工作。

在與自己原先熟悉領域南轅北轍的環球影城，我確實如願學習到許多事物。身處高壓環境下也曾犯下平時難以置信的錯誤，不過我仍與夥伴們同心協力使公司營收由谷底重生。拜轉職風險所賜，我獲得無數繼續留在P＆G絕對無法習得的經驗。

轉職至環球影城已屆五年半的時間，**現今的環球影城已是利於培育行銷者的優秀環境。**員工行銷能力可經由內部訓練而大有長進，除了錄取應屆畢業生也接受轉職者，匯集優秀人材、大幅增進公司機能。環球影城的最大優點在於「讓年輕人累積經驗的實戰機會也太多了吧！」雖然成長中的企業機會較多為理所當然，但就實戰機會來說，**環球影城無疑遠遠凌駕於P＆G之上。**

一年裡有數十項新娛樂設施與活動專案進行、三十部以上的電視廣告製作，加上調整價格與促銷頻率異常高，在市場構造分析方面也利用數學獨創方法進行開發。不論新進員工或轉職員工，在工作上的挑戰機會比比皆是。而且急遽成長中的環球影城，「人力資源」方面也明顯不足。

追求磨鍊行銷能力之實戰機會者、對於增加顧客笑容之「感情行銷」感到別具意義者，環球影城無疑是相當適合的環境。當然這是目前現況（二〇一六年一月）。考慮將環球影城作為成為行銷者跳板的人，還請自行評估後判斷。

未能持續追求經驗與實戰時，自身成長就會有所停滯——進入P&G工作、轉職至環球影城及往後，這都是我一貫不變的思考方式與行動方針。

選擇行銷作為自身職能的那刻起，我就時時意識到要累積自身實力，盡可能避開平靜安穩、走上「嚴峻之路」。我認為就是由於渴求成長環境的貪欲，才得以讓我成為真正的行銷者。

第 8 章

適合與不適合成為行銷者的人

行銷領域的成功者有哪些特徵與屬性呢？行銷說來也包括許多專門領域，擁有諸多特長與個性的人活躍其中。因此難以一言以蔽之，以下僅是我作為一名行銷者的個人意見。

行銷者雖然可畫分為各種類型，但其中仍有共通特點。以下介紹以完成行銷業務為基礎，考量技能與成為專家的機率較高的屬性。**這些特徵並非要全數具備，只要符合其中任一特徵並善加活用，成為傑出行銷者的機率就能大幅增加。**

請使用加法而非減法思考這些可能性。這些特徵裡，我自身也有擅長與不擅長的項目。同時以下提及的四項特徵並不限於行銷，而是適用於眾多工作、作為人類本質的特點。

適合成為行銷者的四項適性

（1）適合領導能力佳者

這裡的「領導能力」，**是指揮他人得到成果**、作為個人能力的統率能力。這項適性是作為行銷者，或是在行銷至管理方面，追求成功時不可或缺的重要關鍵。行銷者除了是形塑品牌之人，同時也是統率眾人的「製作者」。明確揭示團隊願景、高效率分配有限資源、提供眾人利於發揮能力的環境、時時鞭策管理眾人、不時予以鼓勵使人擁有勇氣、引導整體團隊邁向勝利的能力，這就是領導力。

擁有優秀領導力素質的人，從兒童時期至學生時代是如何呢？面試過一千名以上學生的我，可自信滿滿地說**擁有優秀領導力素質的人從幼時就會展現。**幾乎毫無例外，在踏入社會前其領導力就會表露無遺。

這類型的人不論是在班級裡、社團中、學生會裡、校外活動，均頻繁擔任領導角色，**體驗以自身為起點，揭示目的引領整體集團朝正面方向前進。**當然無法單純以學生時代的經歷作為判斷標準，況且日本文化有其獨有特色。以女性來說，要擔任學生會長、部長等「領導者」角色的機會本身就偏少。

重要關鍵不僅是擔任領導者，而是作為改變事物的起點。擁有「對於團體與自己以外的他人抱持強烈關心與熱情」之價值觀點的人，回顧其學生時代，絕對是在團體中令人一眼就看見的中心位置。

這類型的人，儘管碰上困難仍確實抱持「應該要這樣」的自我意見並積極主張。而且不曉得為什麼，無來由地喜愛掌控大局、照顧他人……只要在過往二十多年的時間裡，有這般顯著傾向時，就可說是擁有領導者的素質。

當致力於鍛鍊領導者素質時，將成為不限於行銷者，而是所有「運用人之工作」上相當有利的武器。持續佇立於錯綜複雜的十字路口上，將來自四面八方的力量引導並合而為一，這是重要無比的勝任力。

（2）適合思考能力（戰略性思考的素養）佳的人

想要以行銷為生就必須擁有一定程度的知性。思考能力（也可說是解決問題的能力）不足時，行銷就會成為遲遲難以上手的工作。那麼一定程度是什麼程度呢？雖然難以量化，但我想比起一般人略佳的程度就足矣。不必擁有出類拔萃的知性也足以成為行銷者。

以下是題外話，**許多企業均視「知性」與大學偏差值**（註19）**有高度相關**，因此求職活動的經營資源多集中於高偏差值的國立大學、私立名門大學等，也是這個緣故。並不是依學歷而有差別待遇，單純只是在釣大魚機率高（就企業活動來說高效率）的池子裡釣魚罷了。

在此要特別注意。我過去也曾作為求職活動負責人，輾轉奔波於各大學裡，親身感受到知性與偏差值的高度相關。雖然就統計學上來說正確，但個人程度卻未必完全符合。

東京大學的學生高知性比例高，但眼下東大學生的知性卻不一定能稱得上高。由於是偏差值高的大學，學生們都可說是會念書，但本質的知性（或許也可說是ＩＱ）卻很難說，這般情況並不少見。反之，偏差值並未特別突出的大學，出乎意料之外善於解決問題的學生並不在少數，這也是我的親身體驗。

在到十幾歲為止的短暫時間裡，求學狀況會受家庭與教育環境影響，對於學歷這項指標也有巨大影響力。儘管就讀低偏差值的大學，甚至沒有大學學歷的人，擁有高度解決問題能力者也比比皆是。學校裡也不乏討厭念書但「高ＩＱ」的學生。無關乎學歷，這類型的人適合成為行銷者。

更進一步要求的話……不僅擁有高知性，**能戰略性活用高知性的人更是適合行銷**。行銷是要考量各式各樣狀況與條件後，引導出正確方向的知性勞動。不僅需要可同時精準掌握多種要素的情報處理能力，更追求置身多元資訊下不迷失大局的戰略思

註19：日本高中職學生測定學力之制度，以平均值為基準，測定每個人與平均值的差異程度。

考能力。

正確為應當做的事排定先後順序；為了提升工作效率，在難題面前也能作出正確決定，戰略性思考的素質為必備重要關鍵。話雖如此，幾乎沒有人是打從學生時代起就意識到戰略性思考的重要性並進行開拓。戰略性思考是習慣的問題，當擁有一定程度的知性後即可經由訓練養成。

擁有戰略性思考素質者，**多半由孩童時期即可輕鬆掌握要領**。或許可說是**付出努力就能換取成果的人**。寫功課的速度快（或是不寫功課但可以巧妙騙人），對於他人耗費時間的事物卻能發現捷徑，沒有花長時間念書但成績好，可瞬間判斷自己的利益得失，若對料理感興趣可在短時間內端出美食，多半就是這類型的人。

這類型的人並不會孜孜矻矻將所有事情做完。而是想著任何事都盡量輕鬆完成，有著在無意識裡搜尋最短距離捷徑的習慣。在努力之人受尊敬的日本文化裡，可能容易被認為是「輕鬆掌握要領的人＝有點狡猾的人」，其實那是從年幼時就呈現的戰略性素質。在社團裡擬定作戰策略者、運用戰略性思考將棋、西洋棋、圍棋等，也包括在內。

有意識鍛鍊戰略性思考時，久而久之就會昇華為指示自己乘坐之船行進方向的能力。只要船上有一人具備這般優秀能力，整艘船的表現就會截然不同。擁有這項優秀素養者，可輕鬆達成自己被賦予的期待，在其他職能上獲得成功的可能性也相當高。

（3）適合高EQ的人

有人善於解讀人的內心，有人善於理解「氛圍」與「話中真義」。這類型的人對於他人如何思考與感受的觀察力特別出色，亦善於以對事物的感覺洞察真相。這般EQ素養出色者也適合成為行銷者。磨鍊這項特點成為感知能力優秀的行銷者，對於人們「喜愛」、「討厭」、「為何」等行銷重大課題，**在未能有充裕時間進行調查與判斷的實戰裡將成為寶貴戰力。**由消費者透露的少數語句與情報裡，善於解讀內心真意，看一眼就能曉得電視廣告想要傳遞的訊息；在進行調查前就能說出哪種包裝受到消費者歡迎，消費者對於自己的行銷計畫有何感想也幾乎能正確回答……

雖然區分男女並不甚合理，但就我的經驗來說，擁有這項優秀適性的行銷者以女性居多。其實我自己在這方面也不擅長，僅能就自身經驗述說這個適性的行動模式。於是我轉而向在這領域令人尊敬的行銷者前輩請教意見。

這類型的人似乎**多長袖善舞，幼時起接收到的資訊都能自然吸收**。喜愛享樂，對許多事物都抱持興趣，嗜好廣泛、對流行事物敏銳、躍躍欲試、對時尚高度關心，主動閱讀許多雜誌與網路資訊。本來就對他人與世界饒富興趣，因此渴望與人產生連繫、朋友眾多，也參與社團活動等各式各樣的團體。

許多這類型的人，父母亦是相同類型，因此成長於有許多機會與不同人接觸的環境裡。其中也有人生活於不得不顧及父母、師長、手足等周遭他人的環境中，因而得以鍛鍊感知他人情形之共感力。「**對人強烈關心**」是這類型的人擁有之特徵，如他人思考些什麼、他人想要什麼等。同時對於有趣事物、活動等「**當下流行事物抱持濃厚興趣**」。

以高ＥＱ為基礎且共感力強的人，相當適合作為以「消費者理解」為武器的行銷者。若無法洞察消費者自身也未察覺的需求與洞見時，行銷者也是一籌莫展。這方面能力較為突出時，在行銷實務上可經由質性研究（探究消費者深層心理的重要行銷調查方法之一）（註20）等累積經驗，為了揭露消費者隱藏的真實而充分活用大腦、燃燒熱情。

這類型的行銷者往往能從消費者身上發掘足以引發品牌革新的重大決定。他們對於行銷可正面改變消費者生活的事實湧現莫大喜悅。

（4）適合精神堅毅的人

想要成功就必須有所成長，想要成長就要由諸多經驗中學習。**經由各式各樣經驗使自身產生變化，堅毅精神為不可或缺的關鍵。**精神越是堅忍不拔，就越不容易被附帶壓力的經驗所擊敗，才得以促使成長加速。

在邁向行銷者、累積實力的漫漫長路上難免顛簸起伏。許多時間都在「不安」中度過，因不順遂而焦慮、難為情，幾乎每天生活在水深火熱之中。當親眼看到賭上一切的工作徹底失敗時，自尊與自信在瞬間崩盤、使人感到絕望。試圖東山再起時，必須忍受周遭冷嘲熱諷，並正視失敗的本質且轉化為自身養分繼續前行，為此就需要強韌的精神。

這般堅毅是難以完全避免失敗與挫折之行銷者的重要適性之一。持久度佳的人，表示其過往人生曾遭遇許多失敗經驗。換言之，因過去眾多經驗而習慣面對困難。擁

註20：社會科學及教育學領域常使用的研究方法，通常是相對於「定量研究」而言。為許多不同研究方法的統稱。

有強烈導向與目的而勇於挑戰，表示也曾歷經諸多失敗經驗。不論是病痛、重考、貧窮，唯有自身經歷越多痛苦與挫折，才能提升成為社會人後面對諸多不合理與壓力的免疫力。

然而，出身於一流大學以行銷者為目標的人往往缺乏挫折經驗。家境富裕、成績優秀、運動神經發達、求學生活多采多姿，這般聰明的「偏差值精英」，時常不懂重大挫折為何物。缺乏挫折經驗而成為行銷者時，就不得不格外小心翼翼。

在出色的前輩與同事的包圍下，人生首次體驗「自己是最沒用的人」。派不上用場、完全否定自我、感到憤怒不平，在踏入社會後才首次體驗這類經驗的人其實不在少數。我也曾協助新任行銷者的諮詢工作，甚至有人在二十歲出頭因劣等感而崩潰，衍變為心理疾病。

不時會聽到有人說「我都不曉得原來自己這麼沒用」。過去僅一心專注於課業上，踏入職場後自然也無法馬上養成專業，但這類型的人會因「沒用的自己」而累積過度壓力，對此我稱之為「優等生症候群」。成為社會人之後，每個人都應接受無能為力的自己、貪婪地渴求學習……

過往人生優秀出色的人因此感到無所適從，但未歷經重大挫折的人應特別注意。

這並不只限於行銷者，**成為社會人到作為公司戰力的數年間，請作好難以避免劣等感的心理準備。**不要緊！就我所知，許多優秀行銷者一開始也是什麼都不會。當然也包括我自己在內（笑）。起初眾人都站在相同起點，差異要到之後才顯現，那是主動積極學習與不主動學習所產生的差異。

盡早捨棄派不上用場的自尊，以身為專業人士的自尊取代。儘管被當作笨蛋，不懂的事物就說不懂，確實融會貫通前要緊追不捨，不畏嫌棄、厭惡眼光數次向人低頭請教，貪婪地吸收。不在乎周遭他人的反對與否定，想著「我可以獲得學習機會，真幸運」。這般「**貪婪**」與「**不屈不撓**」為必要關鍵，缺乏時才真的是大事不妙。

不屈不撓是習慣問題，貪欲則是人的意識問題，並不僅是成為社會人的問題。儘管是擁有一定經驗的社會人，因無來由的自尊阻撓、難以解釋的「自我風格」而作繭自縛、害怕受到否定、不願改變，因此停留在原地踏步的人並不在少數。這與優等生症候群其實是相同道理。

我從小就讀鄰近公立小學、公立國高中、離家最近的國立大學，可說是節省學費、孝順父母的平民（笑）。由於不是從國小起就接受升學考試，也不曾上過補習班，就在公立學校裡悠哉成長。雖然有確實認真聽課，但對於抄寫漢字、像笨蛋般簡單計算的單純作業備感痛苦，因此也沒有認真寫作業。小學時總是蹺課去捉螃蟹、釣魚、做模型，總之就是與朋友鬼混。國中開始忙於社團活動、學生會等，但沒有來自父母、學校或他人的強制要求，自己所想與所做的事均自行決定。

我只對數學感興趣，其他學科就興趣缺缺，因此升學考試也只使用學校教科書應付。在家中幾乎沒有念書習慣，因此我從小就累積諸多念書之外的經驗。努力追尋夢想、失敗而感到懊悔、知道自己在特定領域的能耐、歷經令精神年齡感到麻痺般的數次挫折，我深信這些都是我現今精神強度的基礎。

不知不覺已經到了我的孩子們的世代。成為考試精英獲得高偏差值固然是件好事，但只擁有念書經驗的孩子在日本與日俱增，對此我感到憂心忡忡。當然勤奮念書絕非壞事，經由課業獲得的知識也能實際在社會裡發揮意想不到的效用。而且若是未能進入偏差值具一定水準的大學，也無法成為優秀企業招募員工時的核心目標，這也是不爭的事實。

然而，**真正的勝負要到成為社會人之後**。就我閱人無數的經驗，在社會上成功者絕非只擅長學校課業，而是學校課業有一定水準之外，還累積了諸多課本以外的豐富經驗。

「專才」？「通才」？

領導力出色者、善於戰略性思考者、高ＥＱ感覺敏銳者、精神堅毅者……前述已說明擁有數項上述特徵的人適合成為行銷者。那麼這四項特點中最為重要的適性為何呢？對此眾說紛紜，以下與各位讀者分享我的意見。

我認為這會依追求目的而異。**行銷者是「行銷專才」，同時也是「商業活動通才」**。通才可說是對於商業活動所需的多樣領域，都擁有一定程度理解與關心的管理能力。

想成為行銷專才時，依個別適性可延伸出多種專業領域。若是質性研究的專家，缺乏高ＥＱ及「對人抱持興趣」就難以徹底了解消費者；若是量化調查的專家，就必須具備戰略性並對數字解讀抱持強烈關心；若是廣告宣傳的專家，就必須擁有強力戰略性與高ＥＱ。

若是以管理者為目標、重視行銷者通才面時，**智力與體力固然重要，但引導他人**

的領導力我認為才是重要關鍵。以管理者和經營者為目標時，除了擁有專業行銷知識，更要確保團隊朝正確方向前進，並能在誤入歧途前就設法挽回。在戰略性等其他方面優秀出色固然最好，但極端點來說，只要領導力出眾，不擅長的領域再聘請優秀人材補足團隊缺失即可。得以善加利用所有人力，我認為是以管理者為目標時不可或缺的關鍵。

希望日後將面臨求職活動的讀者們可以理解，**不論是英語能力、數學能力，甚至是行銷知識，在以行銷為志的當下這些知識其實完全不重要。**

當然，擁有這些能力有助於減少成為社會人之後的辛苦，自然再好也不過。英文能力等也不限於外商公司，在現今國際化的時代越發重要。近年來，盡可能減少錄用員工後的訓練課程、對英語能力設立基本門檻的作法儼然已是企業主流，因此具備英語能力自然最好。不過商業英語是任何人只要努力就能具備的能力，與是否以行銷為志是截然不同的兩回事。

具備數學能力固然佳，但並非「成為成功行銷者」的必備條件。雖然我善用數學、開創獨家的行銷手法，但像我這般的行銷者極為稀少，可說是面臨絕種危機（笑）。大學入學考試裡數學一塌糊塗、出身於私立大學文學院的成功行銷者反而才是多數。畢竟行銷的主題是「人類的購買行動」，自然是文學院占上風。

雖然沒有必要對數學異常狂熱，但基本的加減乘除都避之唯恐不及可就讓人傷腦筋了。對於行銷知識亦然，立定志向而學習，但經由實戰的學習效果反而更好。

不適合成為行銷者的人

若完全不具備前述提及的四項素質時，並不建議朝行銷者發展。雖然不適合成為行銷者，不過仍可確實學習行銷思考。當養成行銷思考的習慣後，任何工作都能交出漂亮的成績單。

話雖如此，自己對自身可能也是不甚了解，就連我過去也是一樣。該如何判斷是否擁有「某種程度的素質」呢？

在此介紹一項我推薦的方法。就是**盡可能參與體驗行銷業務的活動。**積極參與企業為求職學生舉辦的實習、商業活動案例分析、競賽等活動，藉此接觸部分行銷工作。在參與活動時，**對於工作內容感到「真有趣！」時就表示適合成為行銷者**，或是至少選擇行銷為職能的成功率相對高。

此時應特別留意。唯有認真面對眼前工作時，才能展現真正的素質。不是為了面子而參加，在有限時間裡對於被賦予的課題，總之就是貪婪地投入。此時的艱苦可想而知，在團隊裡也可能與同伴發生衝突。儘管如此，仍請對自己施加壓力，看看自己與同伴能多接近目的。結束後，再問自己是否對那份工作感到「喜歡」？越是明確感到喜愛時，就表示絕對擁有某項適合行銷工作的強項。

企業也會想盡辦法從參加者身上發掘「素質」，因此若能獲得企業內定，也可視為自己確實有適合的適性。

就我的經驗來說，四項適性裡宛如基準點般足以影響職涯之路的，就是「思考能力」或「領導能力」。企業在畢業生面試等，也會特別以這兩項適性為中心、設法「理解其素質」，而非以該名學生當下的能力作為判斷標準決定錄用與否。當然擁有一定程度的素質時，只需加以努力並不會有太大的問題；但若是在此錄用了擁有致命弱點的人，對彼此來說都是不幸的開端。

而且在錄用後，若企業未能懷抱愛情加以鍛鍊，就難以培育人材。我認為愛情包括「嚴厲」與「使其理解個人強項」。由於我自身也是這般受到栽培，因此想要盡可能將這個恩惠傳遞給更多人。在求職活動裡費盡千辛萬苦篩選而錄用的人材卻未能好好栽培，這類對此漫不經心的公司其實並不在少數。不論企業採用何種勝任能力模式與評價標準，並不會有人可以出色發揮所有要素。任何人都有其優缺點，所有人都需要讚賞與斥責。

以理解這點為基礎，認同一個人、相信其可能性，並盡情施壓才足以使其才能開花結果。若是未建立信賴關係而不斷施加壓力，就足以毀了一個人。

擁有一定程度的素質就足矣。其餘的就是適當的培育環境，而且更重要的是本人的熱情與努力。

第 9 章

如何規劃職涯？

我自身由於已踏入社會二十年因此有所體悟，在此想要開門見山寫出許多人最常問我的問題。主要是關於職涯「如果年輕時父母或學校能告訴我就好！」以及我自身歸納的想法。對於日後要抉擇方向的年輕人，或是對職涯感到不知所措的社會人，若我的分享能成為各位讀者日後的職涯指南，將是我莫大的榮幸。

烏龍麵店老闆的年收入早已決定

選擇職業時，任何人都會在意將來的年收入。其實年收入在選擇職業時就已大略決定，這是由於每個職業的年收入有其一定範圍。可能有人感到「咦，真的嗎？」但**只要市場維持一定結構時，身處其中者的收入自然也是「一定範圍」。**

舉例來說，你是間烏龍麵店的老闆。具競爭力的烏龍麵單價、店面可容納的來客數、原料費、店面相關費用、人力費等，大多都無法任自己隨心所欲操控，而是最初就已經由市場構造與商業模式決定。

營業額扣除支出後才是老闆的年收，這也幾乎是起初就決定好了。唯一尚未決定的，是「烏龍麵店成功或失敗到什麼程度」的上下變動幅度。成功的烏龍麵店可預測客單價與來客數，因此也易於計算老闆年收入的上限；反之，失敗烏龍麵店的老闆收入與風險也可進行預測。烏龍麵店老闆的年收入在「一定範圍」也是一開始即決定，只是視成功與失敗程度決定其所在範圍內的位置。

這個現象幾乎適用於所有職業。只要市場構造與商業模式未因某些理由大幅變動，該職業年收入的上限與下限就已大致底定。職業棒球選手的收入雖然高低變動激烈，但其一定範圍內最初已由市場構造決定。一般來說，棒球選手的收入高於足球選手，這是由於棒球比賽場次較多的緣故；地區公務員的綜合職位則是高低變動小的職業，這是因享有公務員待遇之結構的關係。

以日本製造業來說，每個企業所屬業界的市場構造與商業模式不盡相同，但每個業界仍有其「一定範圍」。日本大型銀行、大型貿易公司、媒體、物流，像我所屬的外商公司行銷，不論事業成功與否，都有其「一定範圍」。此外，**這個「一定範圍」依職業而異可能有天壤之別**，這也是學校裡幾乎不會教的事。

舉例來說，柏青哥店裡每台機器會掉出的小鋼珠數量是最初就已決定。位居烏龍麵老闆這台機器的你，在玩的是因烏龍麵商業模式、預先決定好「成功至失敗的小鋼珠數」之機器。不論多麼成功，年收入仍無法超過其範圍上限。

另一方面，在烏龍麵老闆這台機器大成功、獲得數倍的小鋼珠數，對某些職業來說可能只是普通值（一定範圍內的中間正常值）。請想像諸多職業的機器並列，決定要在哪台機器前坐下時，建議要盡可能理解該機器的期待值（獲得小鋼珠數量的上下限與機率）。

當然在中途換台機器也未嘗不可，此時也建議要先了解想要更換機器的小鋼珠數量上下限。原先坐在烏龍麵老闆這台機器的人，在察覺無法再獲得更多小鋼珠時，就更換至「連鎖烏龍麵店老闆」的機器也不無可能。雖然失敗的風險會因此提高，但成功時可獲得的小鋼珠數量上限也會較過去大幅提升。

知道小鋼珠數量後挑選喜愛的機器

並非無論如何都選擇年收入高的工作。我想表達的僅是，為了將來的認同與心服口服感，應預先曉得各職業的收入與期待值。我認為仍有許多其他事物遠較年收入的期待值更為重要。我對選擇外商公司行銷者的機器感到幸運且從未後悔，不過這其實完全交由命運決定，相當危險。在我作出抉擇時，我僅調查過P&G當時「三十歲平均年收入」的奇怪資料，完全未意識到外商公司行銷者這台機器的小鋼珠數量。

後來我才知曉，世上有著難以計數的機器，有著依業界構造獲得驚人年收入的職能。「外商公司行銷者的機器」收入優渥已是相當幸運，其他像「外商投資銀行的機器」、「外商金融交易的機器」，因工作內容更為刺激而高風險，但相對來說也是高報酬。

其實很久以前，曾有上司調侃我說：「森岡，你真沒品味。你應該比較適合販售與人類情感無關的商品吧，像是石油、金融之類的。」我也曾因「如果想善用數學是不是該走外商金融路線呢？」而苦惱不已。

不過拜我沒有更換機器持續努力所賜，最終才得以中大獎。因此我也體會到有著遠比年收期待值更為重要的事物。即是對工作的「熱愛」。

對工作未感受「熱愛」時，就難以成功。由工作中可體會到讓人醉心般的價值，但在此之前漫漫長路上的艱苦不勝枚舉。儘管是自己喜愛的工作，也難以避免面臨諸多艱辛；不過也是基於對工作的「熱愛」，才得以持續努力。我認為選擇任何工作都無妨，但若是缺乏「熱愛」時就難以忍受艱辛、無法持之以恆。若未能擁有即使刻苦仍持續努力的理由，熱情與幹勁乾枯是遲早的結果。

假使無法為了獲得成功而不氣餒地在同一台機器持續努力，不論選擇哪台機器都只能得到「失敗的小鋼珠數」。儘管乍看之下是高收入的機器，但其失敗的小鋼珠數多半仍較其他機器的成功小鋼珠數來得少。結果，**不論坐在哪台機器前，最重要的關鍵仍是「能否得到成功的小鋼珠？」**為了成功，傾注自身熱情並抱持覺悟而坐下是很重要的。

關於選擇順序，首先應挑選數個自己相當喜愛的工作。若是無太大差異，應選擇符合將來社會需求的機器（小鋼珠期待值大的機器）。請不要單純因小鋼珠的數量而神魂顛倒，而誤選了對自己來說成功率低的機器。

選擇「職能」而非公司

不可與公司結婚，公司也無法與你結婚。這般無法開花結果的單戀風險過高。**選擇「職能（技能）」並與其結婚才是明智之舉。**你所養成的職能足以作為專業而自立維生。不論在哪間公司工作都不會消失，是任何人也無法奪走的財產。

因終身僱用制餘波，如同「富士電視台員工」這類掛有公司名稱的機台並不在少數。雖然這類機器的小鋼珠上下限較容易預測，但需要背負公司面臨經營困境、遭公司放逐時，個人職涯難以應對的風險。

我時常告誡學生們，應設法養成可在未來時代中身為專業人士的職能。儘管坐在掛有公司名稱的機器前，也應盡早確認自己能在這間公司裡養成何種「職能」，之後就是努力發展這項職能。請貪心選擇有益職能發展的必要經驗。若能在公司內部取得自然再好不過，但有時可能因公司內部原因而使職能成長達到上限。

此時，只要積極設法轉職到有益職能成長的環境或公司即可。若能以此方式持續投資使自己身為專業人士的職能，只要社會對這項職能的需求沒有消失，需要你的公司就會源源不絕。以自身職能為軸心、因應時期挑選公司，也有助於持續成長——這就是與職能結婚。

幾乎沒有人可以在工作期間，持續將所有時間完全投入工作之中。專注於工作上的集中度會因人生階段而異是理所當然的，可能因自身、家人生病，或是父母的看護需求而無法全力工作，生產及育兒時期更是被迫短暫離開戰場。

我認為**只需以長遠角度看待自身與公司的Give & Take即可。**全神貫注於工作上換取出色成果，勢必有這般對公司來說是Give的時代，反之也不乏因各種原因而從公司獲取的Take時代。若是Take時代較多也不必感到罪惡感，畢竟這類時期不會長久持續，日後絕對會有Give時代的到來，屆時再好好努力也不遲。

若公司未能秉持這般想法，要求一名優秀員工長期持續對公司有所貢獻是不可能的事。然而，對Give時代的要求超乎預期的公司占多數仍是不爭的事實。因此，以各式各樣人生轉折為契機，仍能持續在同一間公司工作的人其實是鳳毛麟角。

此外，因配偶轉職等不可抗力因素，而無法繼續在現今公司工作的情況比比皆是。換言之，我們應有多數人有相當高可能性難以避免轉職的認知。起初即建立這點認知時，毫無疑問有利於職涯規劃。才得以不與公司結婚、選擇自己喜愛的職能，並為其發展而努力。如此一來，你就能夠選擇公司了。例如在配偶的調職地，你也能找到可活用自身職能的工作，配合自己與家人的人生階段自由工作也是唾手可得。

發揮強項而成功

你曾思考過，公司因為你的哪一點而支付薪水給你嗎？是基於你對公司的貢獻自然不在話下，但請進一步思考，「你的貢獻」是從何而來呢？無疑是善加運用你的強項而來。因此，**公司是針對你的強項支付薪水**，並不是因你在背地裡持續努力「克服弱點」而支付薪水。想要加薪時，自然就應設法增強本有的強項。

然而人資所關注的焦點在於「請把不合格的這部分做好」、「應克服這裡的這個弱點」等，指出並強調他人弱點。因此克服弱點並不一定是徒勞無功。我自身曾為了追求心目中的職涯而努力使相關要素達到最低限度要求，也曾這麼要求部下。面對自身弱點，也是為了飛得更高更遠。

不過，**許多日本人似乎有著過於重視克服弱點的「被虐傾向」**。克服弱點固然重要，但我確信掌握自身強項，並加強使其成為更具壓倒性的能力更為重要。

為什麼呢？因為克服弱點幾乎都不順利（笑）。歷經數十年養成的性質，我還不曾見過發生巨大轉變的案例。順道一提，我個人首次被上司提醒的弱點，與最近被上司提醒的弱點根本完全相同，只有程度上的差異。就是「盡量多跟其他人打好關係」（笑）。若是經驗尚淺、還沒嘗過就挑食的小孩或許還有可能，但對於已有一定經驗與年紀的大人來說，要大幅改變強項與弱點的平衡，無疑相當困難。

換言之，**傾向難以改變**。小黃瓜無論如何也不會變成茄子，喜愛小黃瓜的上司，不論多麼無理要求茄子部下變成小黃瓜，很遺憾部下**終究還是茄子！**不如想想如何當個體面的茄子會更好。其實上司自己也心知肚明，但由於上司有上司的難處，因此還是不要過於期待上司為宜。**自己的職涯只屬於個人**，發展自身強項應是職涯形成中的優先課題。儘管上司惡劣指責你的弱點，仍應將自己半數以上的資源集中於發展自身強項。

如此一來，最後弱點就會黯然隱身。弱點不會憑空消失，但會因強項的光芒畢露而變得不起眼（笑），這是千真萬確的事。發展自身強項也會讓人擁有自信、提升成功率。當表現出色時，儘管有著些許弱點也不會對職涯造成問題。

不過，仍有「應積極克服的弱點」。弱點分為兩種，一種是與自身強項毫無關係的弱點。另一種是**克服後可大展自身強項的弱點**。意識到前者時，就以強項掩蓋。對後者來說，克服無疑相當重要，應設法解決這個難題。其實，後者是克服可能性高的弱點。應克服的弱點，簡單來說就是與當個體面的茄子同等，是必要課題。

以下分享我個人的例子。前述曾提及，喜愛抽象思考、戰略等大方向思考的我，相當厭惡麻煩事物，也不擅長針對現場戰術整理細節。過去的上司無不要求我克服這項弱點，但對於充滿細節的執行現場，我終究難以痛下覺悟。我並非完全置之不理，但由於已經將應達成的目標與戰略意義等告知負責人，自己就不涉入詳細計畫與執行面的各式問題。客觀來看，可說是將重要戰術的成功與否都交由「負責人的能力」決定。負責人做了什麼事我也無法詳細掌握，因此也曾發生數次結果不如預期的情況。

看不下去的上司曾耗費許多時間告誡我：「森岡，你打算如何？只做出強力戰略，然後在作不出結果的人手上結束？雖然你不擅長貫徹戰術，但如果你真的想要交出漂亮成績，你也一定可以辦到。你不會想要善加運用強力的戰略性思考嗎？」

想成為夢想中的自己而必須克服弱點時，憑藉熱情便能超越耗費在弱點上的精神付出。我為了發揮強項而想要克服弱點，因此開始認真投入貫徹戰術。這名上司將職涯目的、我的強項與克服弱點連為一線，成功為我帶來動機。

像這般**得以克服弱點的案例，多半是以當事者的強項為軸心**。以職涯目的為出發點，湧現不論如都何非得達成的動力時，克服弱點也不再只是空談。我開始意識到貫徹戰術，也因此在數個戰術領域練就「必殺技」。話雖如此，比起戰術我仍是比較中意戰略，也更為擅長。果然茄子終究是茄子（笑）。

為什麼遲遲無法改變？

人的行為無法如想像中迅速改變。為什麼呢？

首先，讓我們就構造上先來理解「行動」是如何產生。請參考左圖。最外側是Behavior（行動），內側依序是Skill（技術）、Mindset（意志・心理準備），正中心為Value（價值觀）。外側受到內側支配。Mindset受到Value影響、Skill受到Mindset影響、Behavior受到Skill影響。

假設在拳擊場上要以一記漂亮的左勾拳命中並ＫＯ對手。肉眼所能見到的Behavior，是一記銳利的左勾拳ＫＯ。然而其內側，左勾拳可命中的時機、貨真價實的拳擊技術，都來自於Skill累積。更為內側則是可獲得超群拳擊技術的Mindset，相當於作為拳擊手的戰鬥意志（fighting spirit）。憑藉戰鬥意志歷經嚴苛訓練，才得以獲得技術。最後也是最內側的則是支配拳擊手Mindset的Value（價值觀）。Value→Mindset→Skill→Behavior依序受到影響。反之，想要發揮強力Behavior時，就必須先擁有相當的Skill，而Skill來自於同等程度的Mindset，Mindset又以Value為基礎。

人類的行動

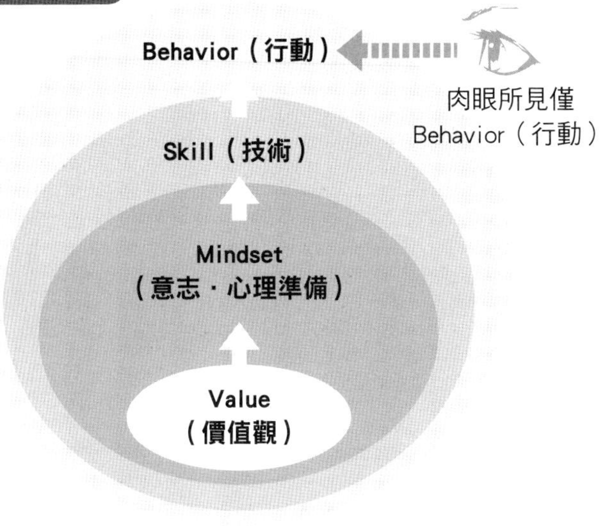

想要改變人類的Value相當困難，必須以不牴觸Mindset的範圍作為前提，才不會使人的價值觀與意志產生矛盾。未能設法改變意志時就無法獲得技術，自然也難以產生相對應的行為。

想要改變自身行為，或是想要督促部下改善行動時，不應只著重於表面上的行動，而要確實仔細觀察其內側的技術與意志面。「技術」是否足夠？技術不足時自然也難以展現預期的「行動」。此時就應以習得可作為產生預期行動基礎的技術為目標。遲遲難以獲得技術時，就必須檢視必要意志是否足夠。我能克服在戰術執行面上的弱點，就是拜意志大幅改變所賜。因為上司告誡的契機，我得以轉變心境。

不論如何都想要克服弱點的你，是否了解人無法改變的主要理由呢？就是「對無法改變的自己大失所望」。Mindset可以在瞬間改變，在下定決心「改變！」的瞬間就已經改變了。然而，Skill與Behavior並非如此。人有著長時間習以為常的習慣，這是肌肉與腦神經訓練的問題。起初無法產生預期行動是理所當然之事。

儘管結果不如預期仍應數次反覆，矯正行動絕對需要習慣的時間。因無法立即得到想像中的成果，而對自己感到失望，或是覺得自己讓周遭旁人失望時，就難以持續努力克服弱點。**若是真心想要改變自我，在一開始時就要作好無法立即改變的覺悟。**

我不擅長的小提琴練習亦然。左手的運指記錯時，即使想要改正也難以馬上修正（笑）。雖然擁有「改變！」的明確意志、腦子裡相當清楚正確的運指，心理準備也已就緒。但為了正確運用手指以獲得技能，就必須歷經無數次的肌肉與神經併用才能記得。就我的經驗來說，因記錯而矯正的時間會是學習時間的三倍左右。因無法立即看見成效、焦躁不安而放棄時，就永遠無法以正確方式演奏小提琴。對多數人來說克服弱點的困難之處在於，**未能忍受意識與行動變化的時間歷程。**

儘管想要改善不擅長的地方，行動也無法瞬間改變。因此要一開始就作好心理準備，對於要改善的方向懷抱強烈意識，反覆「又失敗了」仍不氣餒，作好面對持久戰的覺悟。如此一來，原先失敗五次，有天五次裡會成功一次。此時與其在意失敗的四次，不如因成功的一次而開心。持續努力後，成功率提升至兩次、三次，久而久之五次都能成功。只要持續努力不輕言放棄，就能使人的行動緩緩朝該方向前進。

了解自身強項後的下一步

每個人都有特徵。若完全無特徵的人，其無特徵的本身就是稀有特徵。特徵又包括了強項與弱點，**探尋自身強項的關鍵在於不與他人比較**。在自身特點中找出相對喜好、厭惡，或是得意、不擅長之處。身處優秀者匯集的團體中時，有人會不斷萌生劣等感，而時常陷入與他人的比較之中，因此無法意識到「自身的傾向」，這是件非常可惜的事。為了選擇適合自己的職涯，確實進行自我分析是不可或缺的。

該如何才能知曉自己的強項呢？請從自己「喜愛的行動」或「擅長的行動」裡探尋。**如果人生已走過數十載，一個人的強項絕對隱身於喜愛的事物中**。請盡情寫出自己喜愛的行動。自己一個人的時候容易陷入苦思，因此不妨找個親近的人一起。不需感到難為情，盡量寫下吧！

接著請審視自己寫下的文字，思考這些喜愛行動的背後，自己擁有哪些能力與技術。經此方式寫下的行動裡，不外乎都是「喜好事物」。其共通特徵為，是你的「強項」。特徵如何定義會影響其運用方式，歸納技術的方式不勝枚舉，我個人時常使用的歸納方式如下。請設法分析自己喜愛行動背後代表的能力適性（技術）。

（a）與領導能力相關
（b）與思考能力相關
（c）與構築人際關係及溝通能力相關
（d）與革新性與創造性相關
（e）與行動力及完成任務力相關
（f）與各職能的專業技術相關

請將寫下的喜愛行動大略歸納。如此一來，就能由喜愛行動裡發覺勝任力的領域，而且相當有可能就是你的強項。接著找尋可善用這些強項的環境。經由此方式展開職涯、在自身選擇的道路上努力不懈，也可能重新察覺自己過去不曾留意到的新強項，或是在學習中獲得新強項。

不了解強項就難以善加活用，因此建立自我認知實為重要關鍵。以自身強項為主軸持續投資、貪婪地累積經驗，讓所選職能不斷縱向延伸。職涯看似與他人競爭，但就長遠角度來說並非如此，而是如何激發自己與生俱來特質的持續挑戰之旅。

常保積極與目的

在神戶大學的學生時代裡，我曾經歷阪神大地震。望著倒塌房屋、煙塵四起的街道呆若木雞，切身感受到理所當然的日常生活變成地獄的瞬間。

神戶大學也有許多學生喪生於地震中。有位與我感情融洽的留學生朋友因宿舍倒塌而喪生。我與她從母國飛來的雙親一同前往大阪北區的殯儀館送她最後一程的光景，至今仍烙印在我的心上。她是與日本人同樣經由大學入學考試、以日文通過考試的才女，說著比日本人還優美的日語，個性爽朗樂觀、為人體貼，是位不可多得的好朋友。她面帶純真笑容的溫柔神情，因死前上妝整張臉完全走了樣變得苦悶歪斜，至今仍在我的記憶裡交錯出現。當我與友人及她的雙親哭著撿拾火葬後她的灰燼時，重量之輕，那衝擊至今仍讓我難以忘懷。

此外，那時殯儀館的光景……由於罹難者眾多棺木不足，許多往生者遺體只能裝在以層板製成的粗糙箱子裡。一箱一箱堆積在十噸的卡車上，宛如工業材料般數次往返運送，逐漸堆積如山。為了盡快處理大量的棺木，殯儀館只能以最強火力進行短時間火化，宛如自動化作業的工廠般，與在旁眾人泣不成聲的悲傷形成強烈對比。當時壓倒性的冰冷無情景像，至今仍歷歷在目。

那時我曾想過，人無法知曉死亡何時到來，死亡只是單純的「機率」，像友人那般才華洋溢、溫柔善良的人，面臨死亡時也是毫無例外。不論任何人，都在轉瞬間被裝進簡陋木箱堆上卡車，這就是眼前的現實。

我不知道自己的壽命長短。但我體認到先前一直未意識到的「死亡」，其實就是「生」的另一面、隨時隨地如影隨形。儘管沒碰上地震，事故、疾病及其他許多原因都可能帶來死亡。

我曾思考，死亡出其不意找上門來的當下，友人在想些什麼呢？換作是我又會想些什麼呢？光是試想就讓我感到恐怖不已。與其說是對死亡的恐懼，**其實是對自己一**

事無成就要死去感到恐怖。好不容易生來人世，無所作為而離開、沒有留下任何活過的證據，我絕對無法接受。

由於在最為多愁善感的年紀感受死亡，讓我對生命湧現強烈欲望與執著。我貪婪地追求積極向前，因為我切身感受到，必須以隨時迎接死神都無妨、對自己人生懷抱高認同感的生活方式，否則就太可惜了。

為此我的生活方式常被他人說「森岡，你的人生為什麼如此急迫？」不僅在工作上安排緊湊的行程，在個人生活裡我也投入許多休閒嗜好、分秒必爭地參與活動。這是由於在阪神大地震後，我就**下定決心要對自己想從事的事物抱持積極態度**。為了實現諸多想做的事，就必須在時間運用上下工夫。

不是以輕鬆心情參加看不見終點的馬拉松比賽，而是雖然距離遙遠但終點明確，每天每天都以短距離朝終點全力邁進，我認為這麼做才能避免將來後悔莫及。想做的事一直擱置，見到死神時絕對會讓人悔不當初。

況且就算挑戰失敗，勇於挑戰就足以獲得讚賞，這是友人化為輕盈灰燼的衝擊中我的體悟。職涯風險這些微不足道的小事，與那個記憶一同讓我回到現實。

即使工作失敗、被公司開除，也都不會要你的命。仔細想想不難察覺「什麼是風險？有這種東西嗎？」日本人在七十年前二戰空襲裡被夷為平地時就曉得這個道理，三一一大地震時親身體驗死神無情不講理的人也不在少數。活在世上，挑戰喜愛事物、歷經辛苦的淚水與歡笑，這件事本身就已相當美好。

期望眾多讀者都能在僅只一次的人生裡，感受自己徜徉其中的奇蹟。特別是比我年輕的讀者，希望你們可以盡早察覺，為了在獨一無二的人生裡使自己與生俱來的特性發光發熱，就必須更為積極。

同時請抱持「欲望」。自己的野心、夢想、想做的事，都請誠實揭示「目的」。擁有並意識明確目的時，絕對能讓自己的人生朝應有方向前進。若是能戰略性追求目的，想必可以加速達成。

假使付出努力仍無法達成目的，人生仍是遠比無所事事更為閃耀動人；即使是重大失敗，仍遠勝毫無失敗的人生。往後你的人生絕對會迎來大放異彩的時候。毫無失敗的人生，不過是未進行任何挑戰之膽小鬼的浪費生命。這般人生才是最大敗筆。

唯有自己才是自己人生的主角。期望不畏失敗、擁有明確目的積極走在人生旅途上的人可以與日俱增。如此一來，絕對可以比想像中飛得更高更遠。為了親眼見證不曾看過的高空風景，我今天也是急促地勉力而活（笑）。

後記

致未來的行銷者們

本書以「戰略性思考的基本方法」及「行銷架構的基本」為中心，期望使更多人曉得行銷的效用與思考方式，我盡可能以腦中的知識經驗為基礎進行解說。此外，如何面對就職與職涯、規劃自身發展等，我也以個人想法輔以親身經驗進行解說。

雖說這些都是由神戶大學經營學系→P&G→環球影城一路走來的個人主觀意見，但我也是在錯誤中汲取經驗、奮力撰寫本書。若本書可以幫助各位讀者對於職涯有所察覺、加深對行銷思考方式的理解等帶來些許幫助，將是我莫大的喜悅。

在撰寫本書時，若要問我深信的事物就一般行銷觀點來看是有用的嗎？這其實並不容易判斷。不論是行銷或是戰略，除了本書介紹的觀點之外仍有許多研究方式與思考方法。我所習得的事物，在行銷世界中僅是冰山一角。「如果要傳授知識不是應該網羅廣泛範圍、以學術知識為中心？」的聲音在內心裡出現無數次。不過若是這麼做，不就與比比皆是的行銷教科書沒兩樣了嗎？

因此，我貫徹作為一名實務者的初衷，以不是行銷者也能閱讀為目的，寫下我個人相信的事物。換言之，本書內容可說是假想眼前有位行銷新人，該用什麼方式與這名新人解說才能讓他理解行銷呢？我以此為前提寫下我的方法。

為此我動用了腦中所有認為重要的基礎知識與認知。不論是過去P&G前輩的指導，或是我傳授給後輩的當下知識及分析觀點都包括在內。這些早已化作我的血肉，無法將其抽離而不撰寫。我以盡可能增加對行銷抱持關心的人為宗旨，若是Ｐ＆Ｇ的相關者還請多加包容。

具體的行動計畫提案

閱讀本書後具體該怎麼做呢？最後在此介紹行動計畫。其實本書的核心目標包含兩項，以下是我以概括方式分別提出的提案。當然每位讀者的情況不盡相同，建議各位應對自身該如何行動進行審慎思考。

在此之前，要先向對行銷抱持關心的讀者介紹我的兩本拙作。對於環球影城如何由谷底重生的詳細經過、獲得創新發想之方法的「創新架構」有興趣的讀者，可一併閱讀**《雲霄飛車為何會倒退嚕？創意、行動、決斷力，日本環球影城谷底重生之路》**。另外一本是出版計畫緊接在本書之後，歸結我如何將數學與行銷充分融合的專門書籍**《機率思考的戰略論》**。針對本書中已學習入門、有助於戰況分析的「數學架構」進行詳細解說。戰略成功與否由「機率」決定，機率該如何操作呢？以數學算式解釋的商業「絕妙法則」，在書中簡明易懂的解說讓不擅長數學的人也能清楚理解，是本為了選擇會獲勝之戰爭的書。同時可派上用場的相關方法，如消費者調查、需求預測的精髓、市場構造分析等也會一併介紹。

接下來是我的提案……

給有意成為行銷者的提案

（1）對是否要成為行銷者尚未下定決心時，請立即報名參加由企業主辦的實習、競賽等活動，盡可能體驗多家企業的實際業務內容。光是讀書只能在原地踏步，參與企業活動時也可藉機判斷自己是否喜愛行銷業務。

（2）對行銷者導向無太大疑慮時，應以「廣泛累積實戰經驗」及「作為行銷者的一定知識」為主要條件，列出數家在行銷領域表現出色的企業。若是有自己感興趣的商品自然更好，但仍是前述兩項條件最為重要。不妨參加這些企業的實習等活動，或是求職活動亦可。應留意的是，你被分配到的部門是否真的可以學習行銷。

（3）考慮要轉職為行銷者的人，基本上與（2）相同。坊間有數家擅長行銷領域轉職的機構，不妨前去諮詢。可以與相關者見面獲得情報。

給期望在職涯或商場上成功者的提案

儘管不成為行銷者，擁有行銷思考也能在商場上引導你走向成功。應將戰略性思考方式「選擇關鍵並集中」盡量活用於日常生活。想要使戰略性思考成為習慣時，就要每天不斷反問自己需要什麼。若未能如此，就會立即又恢復為過去的自己。獲得新技能僅是腦神經與肌肉鍛鍊的問題，因此需要在每日生活裡建立不感到勉強、可持續努力的系統。

接下來是我的提案，這也是我個人使「戰略性思考」成為習慣的具體方法。請使用「手」——仔細瞧瞧五根手指。最長的手指一根、次長的手指兩根，這三根手指特別突出。在通勤路上的電車、公車裡，請看著自己的手指，並將這三根手指假想為今日三項優先工作，並分別選擇工作內容。

每週一選擇本週的三項優先工作時，每天的三項優先工作也會較為容易挑選。更準確來說，月初選擇本月的三項優先工作、每季選擇本季的三項優先工作、每半年選擇半年裡的三項優先工作，年初時選擇整年度的三項優先工作。**以「年↓半年↓季↓**

月↓週↓天」，由大範圍開始擬定優先工作，使戰略逐漸降階。關鍵之處在於，優先工作應與大範圍的戰略有所相連，為了避免遺忘寫在紙上，同時以月為單位這種大範圍的工作，應先與上司確認優先順序並獲得同意。

為何選擇三項呢？除了由於三是個容易留存於人類記憶的神奇數字外，還有**任何平面或立體只要以三點支撐即可平穩的數學根據**，因此我在商業活動裡也以選擇三點掌握重心。就個人經驗來說，這般思考方式大致通用。

簡單來說，每天該完成的工作（或是能夠完成的工作），真正重要的大約就是三項，一年裡該完成的事也不過三項。雖然聽起來似乎缺乏道理，但我依循這般想法至今一帆風順。一開始就只選擇三項。我還是新人時選擇三項，現在身為環球影城執行董事也是三項，鎖定三項的工作方式絲毫沒有改變。

對了，還有另外兩隻指頭。首先是小指！就如同小指長度般，以百分之七十以下能力即可完成的工作，就看著這隻小指時選擇。最後是最短的大拇指！大拇指請選擇「看似在做」的工作（笑）。這並不是開玩笑。像這樣看著五根手指，挑選最多五項工作。實際上請將**有限時間、勞力等所有資源集中於最重要的一件、相當重要的兩項，共三項工作上**。

每天早上在通勤路上看著手挑選今日工作。下班回家路上也看著手，確認工作是否達成，或是反思未能達成的原因、下次該如何改善。回到家前可先思考明日的三項工作，翌日早上就只要進行確認即可。

請務必試試這個「手掌法」，起初會對挑選感到困難不已。越是不擅長戰略性思考者，就越容易對「捨棄」產生抵抗。每天進行選擇三項與五項的強力訓練，絕對對提升戰略性有所助益。

最後要在此感謝龜井編輯及KADOKAWA股份有限公司，給了本書出版機會。在此也要向所有支持本書出版的關係者致予誠摯感謝。同時作為本書內容、讓我在二十年社會人生活裡習得大量行銷知識的P&G歷任上司及同事們，我打從心底深深感謝。對於閱讀這本拙作的每位讀者，我也要致上最大的感謝。

期望本書能盡可能喚起讀者對行銷的關注，並與日本的未來有所連繫。

各位讀者，謝謝！

森岡 毅　二〇一六年一月十日

日本環球影城吸金魔法
打敗不景氣的逆天行銷術
原著名＊USJを劇的に変えた、たった1つの考え方 成功を引き寄せるマーケティング入門

作　　者＊森岡毅
譯　　者＊李伊芳

2017年5月25日 初版第1刷發行

發 行 人＊成田聖
總 編 輯＊呂慧君
主　　編＊李維莉
文字編輯＊林毓珊
資深設計指導＊黃珮君
美術設計＊陳晞叡
封面設計＊萬勝安
印　　務＊李明修（主任）、張加恩、黎宇凡、潘尚琪

發 行 所＊台灣角川股份有限公司
地　　址＊105台北市光復北路11巷44號5樓
電　　話＊（02）2747-2433
傳　　真＊（02）2747-2558
網　　址＊http://www.kadokawa.com.tw
劃撥帳戶＊台灣角川股份有限公司
劃撥帳號＊19487412
製　　版＊尚騰印刷事業有限公司
I S B N＊978-986-473-650-8

國家圖書館出版品預行編目資料

日本環球影城吸金魔法：打敗不景氣的逆天行銷術 / 森岡毅作；李伊芳譯. -- 一版. -- 臺北市：臺灣角川, 2017.05
面；　公分. --（職場.學；9）
譯自：USJを劇的に変えた、たった1つの考え方：成功を引き寄せるマーケティング入門
ISBN 978-986-473-650-8(平裝)

1. 行銷學

496　　106003179

香港代理
香港角川有限公司
地　　址＊香港新界葵涌興芳路223號新都會廣場第2座17樓1701-02A室
電　　話＊（852）3653-2888

法律顧問＊寰瀛法律事務所